辽宁省优秀自然科学著作

搅拌摩擦焊新技术及增效机制

姬书得　孟祥晨　熊需海　著

辽宁科学技术出版社

沈　阳

图书在版编目（CIP）数据

搅拌摩擦焊新技术及增效机制/姬书得，孟祥晨，熊需海
著. —沈阳：辽宁科学技术出版社，2025.7
辽宁省优秀自然科学著作
ISBN 978-7-5591-3327-4

Ⅰ．①搅…　Ⅱ．①姬…　②孟…　③熊…　Ⅲ．①摩擦焊
—研究　Ⅳ．①TG453

中国国家版本馆 CIP 数据核字（2023）第 225994 号

出版发行：辽宁科学技术出版社
　　　　　（地址：沈阳市和平区十一纬路 25 号　邮编：110003）
印　刷　者：辽宁鼎籍数码科技有限公司
幅面尺寸：185 mm×260 mm
印　　张：9.25
字　　数：230
出版时间：2025 年 7 月第 1 版
印刷时间：2025 年 7 月第 1 次印刷
责任编辑：郑　红
封面设计：刘　彬
责任校对：栗　勇

书　　号：ISBN 978-7-5591-3327-4
定　　价：110.00 元

联系电话：024-23284526
邮购热线：024-23284502
http://www.lnkj.com.cn

前　言

　　进入 21 世纪以来，新技术、新工艺和新材料为代表的科技创新正以前所未有的速度改变着社会生态，推动人类社会向前发展。先进制造技术已成为衡量国家科技竞争力、综合制造能力与水平的重要标志。搅拌摩擦焊（Friction stir welding，FSW）是英国焊接研究所于 1991 年发明的一种新兴先进制造技术，被誉为最具革命性的绿色焊接技术，有效解决了传统熔化焊中气孔与热裂纹缺陷、接头强度损失严重和薄壁结构变形大等一系列困扰轻质合金焊接学术界和工程界的技术难题。FSW 自发明到航空航天领域的工业化应用时间跨度仅用不到 15 年，这在航空航天焊接技术发展史上是空前的。FSW 也是世界焊接技术发展史上自发明到工业应用时间跨度最短和发展最快的技术，目前已经在包括航空、航天轨道交通等行业中迅速获得大规模推广应用，显著促进了航空航天、船舶和车辆等各类新型装备的轻量化和高质量发展，为相关产业的节能减排和提质增效作出了突出贡献。

　　FSW 技术已在轻金属材料的加工领域得到快速发展和应用。然而，发展历程较短，许多基础性问题亟待深入探索研究。我国在该领域的基础研究、技术开发、推广应用起步较晚，与国外尚有较大差距，必须通过系统理论研究和技术创新获得自主可控的研究成果，实现关键技术的自足自给。基于此，本书作者及其所领导的"航空结构先进连接技术"团队，在国家科技支撑计划、国防 863 项目、总装预研项目、国家自然科学基金、辽宁省科技重大专项以及辽宁省"航空宇航科学与技术一流学科"建设项目等支持下，围绕航空航天制造领域的重大需求，开展了典型结构专属搅拌头结构设计、控冷/辅热搅拌摩擦焊、超声能场辅助搅拌摩擦焊和搅拌摩擦绿色再制造等一系列创新技术及机制研究工作；相关研究成果发表国内外高水平 SCI/EI 检索论文 130 余篇，申报国家发明专利 30 余项。现将有关内容进行系统整理与归纳，并撰写成本书。今天付梓完成与读者见面，倍感欣慰。期望本书的出版发行对我国从事航空宇航制造及相关学科的科技工作者了解与运用该研究领域的最新成果有所裨益。

在这里首先要感谢我的学生孟祥晨、李政玮、马钟玮、牛士玉、吴宝生、张芷晴、金延野、温泉、王月、李清华和刘景麟等博士生及其他未提及姓名的硕士/本科生。他们给团队留下了大量珍贵的试验数据，如果没有他们的辛勤劳动，本书是不能完成的。还要感谢团队的岳玉梅教授、吕赞高级工程师和杨康老师在搅拌头设计与优化、数值模拟和力学性能表征等方面作出的重要贡献，以及沈阳航空航天大学其他同人在课题研究过程中给予的帮助。本专著撰写过程中，马钟玮主要参与了第2章与第5章的编写，牛士玉主要参与了第3~5章的编写，吴宝生主要参与了第6章的编写，李清华主要参与了第5章的编写，张芷晴主要参与了第2章的编写。

最后，感谢所有为传承科技文明接力而不计荣誉的国内外文献资料的著作者，正是他们的辛勤努力才使我们的科学知识得以延续。

本专著汇集了前期大量课题的研究成果，在此向提供课题资助的单位和领导表示由衷的感谢。

限于作者的学识和经验，专著中难免存在缺点或错误，敬请批评指正。

作者

2023 年 12 月 16 日

目 录

1 绪 论……………………………………………………………… 001

　1.1 基本原理………………………………………………………… 001

　1.2 主要特点及优势………………………………………………… 001

　1.3 方法分类及可焊材料…………………………………………… 003

　1.4 典型应用领域…………………………………………………… 003

　1.5 本章小结………………………………………………………… 005

2 搅拌头设计与优化………………………………………………… 006

　2.1 搅拌头结构与材料……………………………………………… 006

　　2.1.1 结构基本组成 ……………………………………………… 006

　　2.1.2 焊具材料及可焊材料 ……………………………………… 007

　2.2 轴肩设计与优化………………………………………………… 010

　　2.2.1 结构形貌设计 ……………………………………………… 010

　　2.2.2 轴肩螺纹槽优化 …………………………………………… 012

　2.3 搅拌针设计与优化……………………………………………… 016

　　2.3.1 结构形貌设计 ……………………………………………… 016

　　2.3.2 搅拌针螺纹优化 …………………………………………… 019

　　2.3.3 外凸螺旋台搅拌针 ………………………………………… 032

　2.4 本章小结………………………………………………………… 034

3 静止轴肩搅拌摩擦焊……………………………………………… 037

　3.1 吸热效用………………………………………………………… 037

　　3.1.1 温度分布 …………………………………………………… 038

　　3.1.2 力学性能 …………………………………………………… 039

3.2　增流效用……………………………………………… 042

　　3.2.1　材料流动 ………………………………………… 042

　　3.2.2　效用提升 ………………………………………… 043

3.3　增压效用……………………………………………… 046

　　3.3.1　界面结构 ………………………………………… 046

　　3.3.2　应力与变形 ……………………………………… 048

3.4　本章小结……………………………………………… 050

4　复合能场搅拌摩擦焊 ……………………………………… 052

4.1　分类和简介…………………………………………… 052

4.2　超声辅助搅拌摩擦焊………………………………… 053

　　4.2.1　促流效用 ………………………………………… 053

　　4.2.2　强振动效用 ……………………………………… 054

　　4.2.3　空化效用 ………………………………………… 057

4.3　加热辅助搅拌摩擦焊………………………………… 059

　　4.3.1　结构完整性 ……………………………………… 060

　　4.3.2　显微组织演变 …………………………………… 062

　　4.3.3　力学性能 ………………………………………… 064

4.4　控冷辅助搅拌摩擦焊………………………………… 066

　　4.4.1　焊后应力/变形 …………………………………… 066

　　4.4.2　显微组织演变 …………………………………… 069

　　4.4.3　力学性能 ………………………………………… 071

4.5　本章小结……………………………………………… 072

5　异种材料搅拌摩擦焊 ……………………………………… 075

5.1　异种铝合金搅拌摩擦搭接焊………………………… 075

5.2　铝/镁异种材料搅拌摩擦焊 ………………………… 077

　　5.2.1　常规工艺关键问题 ……………………………… 078

　　5.2.2　超声-静止轴肩搅拌摩擦焊……………………… 079

　　5.2.3　超声-锌中间层搅拌摩擦焊……………………… 086

5.3　铝/钛异种材料搅拌摩擦焊 ································ 095

5.3.1　超声辅助搭接接头 ···························· 095

5.3.2　超声辅助搅拌摩擦焊 ························· 099

5.4　镁/钛异种材料搅拌摩擦焊 ························· 102

5.4.1　微扎入下板的搭接工艺 ···················· 103

5.4.2　搅拌头偏置的对接工艺 ···················· 107

5.5　本章小结 ·· 108

6　搅拌摩擦绿色再制造 ··································· 112

6.1　技术基本原理与优势 ······························· 112

6.1.1　原理与优势 ································ 112

6.1.2　缺陷类别 ··································· 113

6.1.3　修复技术分类 ····························· 113

6.2　面积型缺陷搅拌摩擦修复 ·························· 114

6.3　体积型缺陷搅拌摩擦修复 ·························· 116

6.3.1　水平补偿搅拌摩擦修复 ····················· 116

6.3.2　垂直补偿搅拌摩擦修复 ····················· 118

6.3.3　被动填充搅拌摩擦修复 ····················· 124

6.3.4　主被动填充搅拌摩擦修复 ················· 127

6.3.5　径向增材搅拌摩擦修复 ····················· 132

6.4　本章小结 ·· 136

名词缩写对照表 ··· 138

1 绪 论

现如今,随着资源短缺与环境恶化等问题的日趋严重,结构轻量化设计已逐渐成为航空航天等行业的研究热点。目前,轻质材料和高效制造技术的使用是结构轻量化的重要途径。国务院先后发布的《国家中长期科学和技术发展规划(2006—2020年)》与《中国制造2025》,将绿色制造和航空航天装备分别列入实施制造强国战略的五项重大工程和十大重点领域。为减轻结构重量、节约能源、降低成本和满足复杂服役环境的要求,在航空航天器等高端装备制造过程中,同种及异种材料的高效与高质量连接技术备受重视。目前较为常用的主要有铆接、电阻焊、MIG焊、激光焊和搅拌摩擦焊(Friction stir welding, FSW)等。铆接技术通常需要在工件上开预制孔,降低生产效率;铆钉极大地增加构件的重量,与轻量化理念相悖;熔化焊接头内部易出现气孔、裂纹、较大的残余应力与变形;过高的焊接峰值温度使异种材料(铝/镁、铝/钢等)焊缝内产生大量金属间化合物(Intermetallu compound, IMC),降低接头服役性能。FSW是一种低温且材料剧烈塑性变形的固相焊接技术,可避免传统熔化焊接的诸多缺陷,实现金属及非金属材料的高质量、高效率、低损耗和无污染的连接。因此,FSW是一种可实现"以焊代铆"的绿色焊接技术,符合我国航空航天、轨道交通等高端制造业发展的战略要求。本章主要从FSW基本原理、技术优势、可焊材料和典型应用等方面进行简要介绍。

1.1 基本原理

FSW作为一种先进的固相连接技术,于1991年由英国焊接研究所发明并申请专利。FSW的热输入主要来自两方面:一方面是搅拌头(Stir zone, SZ)与工件之间的摩擦产热,另一方面是材料发生剧烈塑性变形产热。在焊接过程中,焊核材料受热软化并达到塑性状态;塑化的材料在旋转搅拌头的带动下发生流动;随着搅拌头的前进,塑化材料不断地填充搅拌头后方形成的空腔,在轴肩的顶锻作用和搅拌针的挤压作用下完成焊接,工作原理如图1-1所示。

1.2 主要特点及优势

焊接过程中,搅拌摩擦产生的热量仅使待焊金属达到塑性状态,未超过材料的

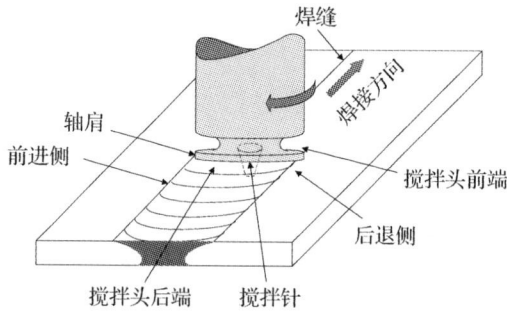

图 1-1 FSW 原理示意图

熔点，因此 FSW 可用于焊接传统熔焊方法难以焊接的材料，成为焊接领域的研究热点，在航空航天等领域内掀起一场技术变革。FSW 具有如下优点：

①能耗低，成本低。FSW 过程不需要大型供电设备，其能耗只有传统电阻点焊的 1/20。

②接头质量高，缺陷少，寿命长。FSW 接头变形小，无金属熔化产生的热裂纹、气孔等缺陷及无合金元素烧损，焊接接头质量高。

③耗材少。焊接过程无须填丝和保护气等。

④自动化程度高，生产周期短。如，FSW 技术应用于 Delta 型火箭中心助推器，生产周期由 23 d 缩短为 6 d。

⑤工艺过程简单，操作方便。焊前不需要复杂的准备工作，焊接接头无须进行焊后处理。

⑥搅拌头寿命长。Mazda 公司研究表明搅拌头用于 10^5 次 FSW 后无明显损耗。

⑦工作环境友好。焊接过程不产生高温飞溅、灰尘和有毒气体，工作环境比传统熔化焊更为友好。

⑧可焊材料广。受热发生塑性变形的同种和异种材料均可焊接；已成功地解决了广泛应用于航空领域 2×××系和 7×××系等热处理强化铝合金难以焊接的难题。

随着 FSW 技术的深入研究和工程应用，局限性逐渐凸显，仍有待改进和提高，如：

①焊接过程中，待焊工件需全方位刚性支撑；工装夹具一次性投入大，且对工件连接间隙要求苛刻。

②焊缝尾部存在匙孔缺陷，易造成"木桶"效应，降低接头质量；该缺陷对密闭结构的 FSW 影响更为明显。

③S 线等弱连接缺陷难以消除和检测。

④对于高熔点金属，焊具磨损严重，无法实现高熔点金属工件的长程焊接。

⑤对复杂型面结构件焊接困难；机器人 FSW 虽可解决，但仍存在主轴刚性不足等问题。

⑥缺少焊接产品质量检验标准。

1.3　方法分类及可焊材料

随着对 FSW 技术研究的不断深入，研究者开发出了搅拌摩擦搭接焊（Friction stirlap welding，FSLW）、搅拌摩擦 T 型焊（角焊）（Friction stirfillet，FSFW）和搅拌摩擦点焊（Friction stirspot welding，FSSW）。FSLW、FSFW 与 FSW 技术原理相同，唯一不同点在于接头布置形式。FSSW 是 KHI 与 Mazda 公司于 1993 年在 FSW 技术基础上发明的一种固态连接技术；不同于 FSW，FSSW 过程中搅拌头并非直线或曲线前进运动，仅在固定位置停留一定时间从而得到高质量接头，如图 1-2 所示。

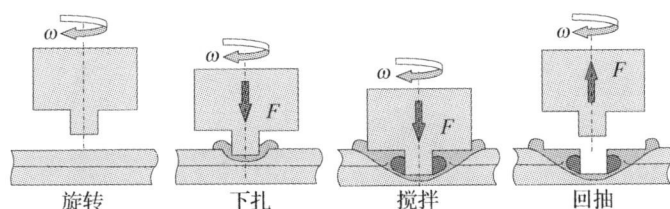

图 1-2　FSSW 的基本过程

旋转　　下扎　　搅拌　　回抽

基于低温和大塑性变形特点，FSW 可实现多种材料的连接，如图 1-3 所示；FSW 技术不仅能够用于铝合金和镁合金的连接，还能够用于锌、银、铜、钢、钛、金属基复合材料等同种和异种材料的连接，以及聚乙烯、聚丙烯、聚苯硫醚、聚醚醚酮等聚合物及其纤维增强复合材料的连接。高强度和高硬度材料（如钢和铝基复合材料）的 FSW 需采用特殊高温耐磨损材料制造的搅拌头，如 PCBN 和钨-铼（W-Re）合金等；低热导率的钛合金和热塑性塑料的 FSW 过程往往需要采用辅助加热等装置以提高焊接质量；钛合金的 FSW 焊接过程还需要惰性气体保护，防止其吸氢、氧与氮。对于易产生 IMC 的异种材料，FSW 可通过超声振动和介质冷却等辅助措施调控 IMC 的形态、尺寸和分布，提高焊接结构性能。当然，任一接头布置形式以及待焊材料均需要优化焊具设计（轴肩直径、轴肩端面形貌、搅拌针直径、搅拌针形貌）和焊接参数（转速、焊速、轴肩下压量等），改善晶粒尺寸、强化相和织构演变等，提高 FSW 接头的质量和服役性能。

1.4　典型应用领域

FSW 技术自发明以来，基于焊接温度低、接头质量高、变形和残余应力小、易于自动化和无须填料等优势，在制造领域展现出光明的应用前景，并迅速应用于航空航天结构、轨道交通装备、陆军战车、船舶、新能源汽车和风力发电组件等的连接制造，如图 1-4 所示。

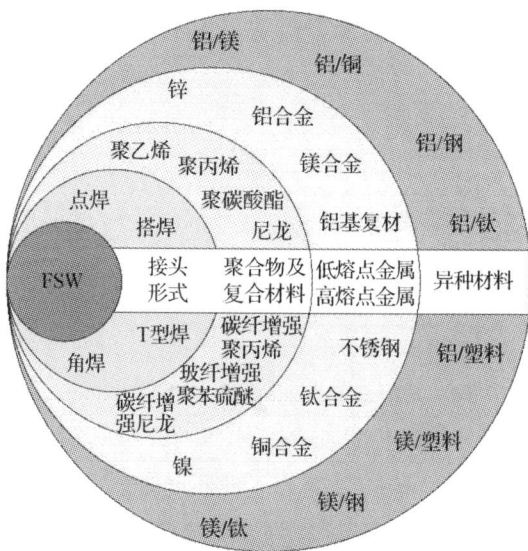

图 1-3　FSW 类型和可焊材料

图 1-4　FSW 技术典型应用

在航空航天领域，美国波音公司率先将 FSW 技术应用于 Delta 系列运载火箭铝合金贮箱中间舱段的连接制造；采用 FSW 技术使得 Delta Ⅳ 型火箭中心助推器的焊缝强度提高了 30%~50%、生产周期由 23 d 缩短为 6 d。洛克希德·马丁公司积极开展航天飞机外贮箱（储存液氢燃料和加压液氧化剂）的 FSW 技术研究，目前已实现 2195 铝锂合金外贮箱的生产。NASA 和波音公司历经 3 年（2012—2014）联合攻关，研制了圆顶焊接装备、分段环形焊接装备、增强型自动化焊接设备、垂直焊接中心、戈尔焊接工具 5 套大型部件自动化 FSW 装备，并集成了焊缝质量无损检测功能，组建了具有里程碑意义的世界最大的"搅拌摩擦焊接装备库"；为 70 t、105 t、130 t 3 种运载能力重型运载火箭一级箭体结构的研制生产提供了工艺保障，该技术成果入选"2014 年国外国防制造技术十大动向"。同时，FSW 亦广泛应用于飞机的蒙皮、地板、翼肋等航空结构的连接制造。

除航空航天领域外，FSW 在其他领域的军用/民用结构中得到广泛应用。美国陆军提出：战车防护区域及防护装甲数量不断增多，在保证防护等性能的前提下，实现战车减重，具备远征、可扩展和保持战备状态能力的现代化陆军是美国陆军的未来目标；美国陆军坦克机动车辆研发与工程中心将采用 FSW 制造战车外壳以满足减重、高质、高效等的需求。高性能的铝合金型材是满足舰船工业提速增效需求的较佳选择；FSW 技术为舰船制造中铝合金结构件的连接提供了最佳方案，可满足小变形和高结构强度的要求，已应用于快艇、高速渡轮、双体船、游轮、高速军用巡逻船、大型穿波船、海洋观景船和运载液化天然气的铝罐船等。同时，FSW 技术亦实现了在新能源汽车电池托盘和发动机盒等关键部件的应用，满足对强度和密封性的要求。值得一提的是，在 2015 年专利到期后，FSW 在电力电子领域的应用开始呈现井喷式的增长，已用于直流/交流功率转换热沉器、气体绝缘输电线路外壳和通电导体等结构中。

我国的 FSW 技术发展至今，已经出现了无匙孔焊接、自支撑焊接、空间 3D 曲线焊接、FSW 表面改性处理等多种技术，在航空、航天、船舶和汽车等领域的应用越来越广泛。同时，作为最具革命性的绿色焊接技术，FSW 必然向着焊接方向自由、焊缝修补高效、焊速进一步提升和接头性能（力学、导电、导热和耐腐蚀等）进一步提高等方向发展，不断扩大应用范围、提高生产效率、降低生产成本、提高结构服役质量等，助力国家工业高质量产品的发展。

1.5 本章小结

本章主要介绍了 FSW 的基本原理、技术优势、可焊材料/接头形式以及工程应用情况。本课题组基于 FSW 基本原理和特性，为满足实际工程需要，从焊具设计、接头结构优化、辅助工艺开发、缺陷再修复等角度，实现了 FSW 接头强化和增效机制的深入发掘，为拓展 FSW 技术的工程应用提供理论和技术支撑。

2 搅拌头设计与优化

搅拌头是 FSW 的心脏，与被焊工件接触通过高速旋转产生焊接热量并带动材料流动。FSW 技术发明伊始，研究人员就认识到搅拌头对 FSW 高质量焊接的重要性。经过 20 多年的发展，FSW 技术已得到业界广泛认可，搅拌头的设计与选用也受到越来越多的关注。搅拌头材料、形状和尺寸是影响 FSW 接头质量的重要因素，合适的搅拌头有利于提高焊接效率，增大焊接工艺窗口并扩大 FSW 应用范围。

2.1 搅拌头结构与材料

2.1.1 结构基本组成

常规搅拌头通常由夹持端、轴肩和搅拌针三部分组成（图 2-1）。夹持端是搅拌头与焊机主驱动轴的连接部分；轴肩和搅拌针是搅拌头的工作部分，二者的几何形状和尺寸决定焊接过程中温度场分布规律和塑化材料的流动行为。搅拌头轴肩部分在焊接过程中发挥 3 种作用：一是与工件摩擦产热，提供焊接所需的大部分热量；二是带动 SZ 上部塑化材料流动；三是与接头周围未塑化材料形成封闭空间，防止接头内塑性材料从轴肩边缘溢出。搅拌针对焊接热输入的贡献较小，但可有效驱动 SZ 内部材料的水平和垂直流动，其作用在焊接中/大厚度板时的表现尤为明显。

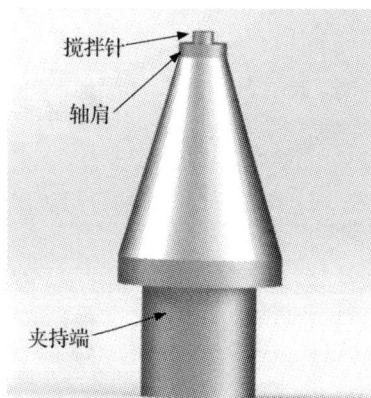

搅拌针

轴肩

夹持端

图 2-1 典型搅拌头结构

搅拌头的具体形状和尺寸需根据所焊工件尺寸、焊接材料性质和接头形式等进行优化设计，以满足高质/高效的焊接需求。常规轴肩形式主要有平面轴肩和内凹轴肩，轴肩端面上可开凿同心圆或螺旋等形式的凹槽，提高轴肩作用效果（图2-2a）。搅拌针在驱动SZ材料沿板厚方向的流动方面扮演着重要角色，其形貌是影响接头内部材料流动行为的主要因素。搅拌针形貌的差异主要在于搅拌针形状和针上螺纹形式。常见搅拌针形状有圆柱形和锥形，更为复杂的还有内凹形和三棱锥形等（图2-2b）。与轴肩一样，搅拌针上开凿螺纹槽同样可提升其作用效果。螺纹的分布形式有很多，除常规的全螺纹分布外，还有底部半螺纹、尖部半螺纹、正反螺纹和镜像螺纹等分布形式（图2-2c）。螺纹形貌影响SZ的材料流动行为，对调控接头的内部成型具有重要作用。

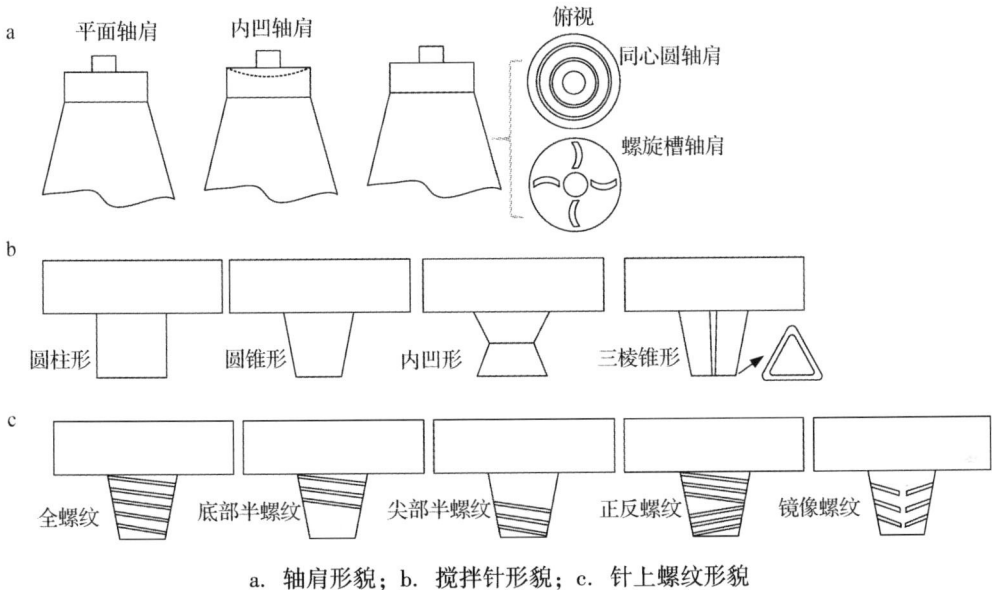

a. 轴肩形貌；b. 搅拌针形貌；c. 针上螺纹形貌

图2-2　不同形貌的搅拌头

随着FSW技术的不断发展，开发了越来越多形貌各异的搅拌头，搅拌头的发展具有结构复杂化和使用专用化的趋势。在实际使用过程中，往往需对搅拌头的外形尺寸或组成结构进行适当的调整和优化，满足不同焊接工况的需求。

2.1.2　焊具材料及可焊材料

焊接过程中，旋转前进的搅拌头与待焊材料摩擦产生高温，搅拌头在经受高温的同时还受到弯矩和扭矩的双重作用。极端工作环境对搅拌头制作材料的物理与化学性能要求较高。

物理性能方面，搅拌头与待焊材料在高温下发生摩擦时不能出现明显磨损，因此搅拌头材料应具有良好的高温耐磨性。此外，搅拌头还受到较大的前进阻力，阻力大小受待焊材料强度的影响；待焊材料强度越高，搅拌头所受阻力越大。因此，对于高强高熔点材料，搅拌头还需在高温环境下具有极佳的强度和韧性。搅拌头材料的热导率影响焊接温度；在相同焊接工艺参数下，高热导率会降低焊接温度峰值，而低热导率可能导致焊缝局部区域温度过高。搅拌头材料的冶金性能也是需要重点关注的因素。由于冶金反应会对材料产生侵蚀作用，因此搅拌头所用材料应与待焊材料在焊接热机环境下不发生冶金反应。此外，焊接过程中的搅拌头下扎阶段和焊接完成后的回抽阶段，处于高温状态的搅拌头表面材料易与空气中氧气发生反应，氧化反应同样会侵蚀搅拌头，降低其使用寿命。若氧化或冶金反应的产物与搅拌头黏着力不足，焊接过程中反应产物可被打碎脱落而进入 S2，对接头性能产生难以预估的影响。

在焊接铝合金和镁合金等低熔点材料时，常规的工具钢或模具钢即可满足要求。此外，对钢制搅拌头进行热处理可进一步增强其表面的硬度和耐磨性。在焊接铝合金和镁合金时，搅拌头可保持较高的使用寿命，具有较好的经济性，目前报道值达 2 000 m，对于钛合金或钢等高强高熔点材料，焊接过程中最高温度可达1 000 ℃以上，且需承受剧烈的摩擦和较大的前进阻力；这种极端焊接条件对搅拌头材料的熔点、硬度、韧性和耐磨性等提出了更高要求。

在早期对钢的焊接中，W 和 Mo 作为耐高温金属常用于搅拌头的制作。然而，焊接过程中的高载荷和材料的高韧性-脆性转变温度易导致搅拌头产生较大变形，甚至发生断裂。后来，研究人员开始使用以 W 为基体的 W-Re 合金（如 W-25% Re）制作搅拌头；这种合金具有很低的韧性-脆性转变温度（约 -50 ℃），因此高温韧性极佳，在焊接高强高熔点材料时不易发生断裂。此外，Re 的加入还可大幅提高材料高温下抗变形能力以及抗磨损性能。尽管如此，W-Re 合金搅拌头的磨损仍是限制其焊接高强高熔点材料使用寿命的主要因素。为此，可将 1%~10% 质量分数的 HfC 颗粒加入 W-Re 合金以进一步提升其耐磨性，但这也会增加搅拌头材料发生晶间断裂的风险。除 W-Re 合金外，WC、WC-Co 和 W-La 等钨基合金也被用于高强搅拌头的制作，但受成本或加工难度的限制，其推广应用受到较大限制。

聚晶立方氮化硼（Polycrystalline cubic boron nithde, PCBN）是一种人工合成的新型材料，其硬度仅次于金刚石，在切削和磨削加工中具有广泛应用。近年来，PCBN 因其耐高温、高硬度和高耐磨性等优点，其搅拌头已成功应用于焊接钛合金、奥氏体不锈钢和镍基合金等材料。PCBN 的耐磨性和硬度优于 W-Re 合金，但其韧性较低，搅拌针易脆断。研究人员使用 W-Re 合金作为催化剂/黏结相获得了 PCBN-W-Re 材料，与常规 PCBN 相比韧性明显提高。除 PCBN 外，还有 Si_3N_4 和 TiC 等陶瓷用于搅拌头制作的相关报道[1]，但其应用同样受材料韧性的限制。

钴基或镍基高温合金可用于焊接钢的搅拌头制作。目前，钴基合金搅拌头已用于超高碳钢的焊接，并表现出良好的抗磨损性[2]。在镍基合金中添加铱元素可以进一步提升其强度，相应的搅拌头已用于 AISI304 不锈钢缝焊和 DP590 高强钢点焊的研究。结果表明进行 600 次 FSSW 后，搅拌头未出现严重磨损[3-4]。镍基和钴基合金加工困难，已报道的搅拌头的轴肩及搅拌针均无螺纹或沟槽。

图2-3为FSW常见焊接材料及搅拌头材料的对应关系，图中上部材料制作的搅拌头可代替下部材料制作的搅拌头进行焊接。

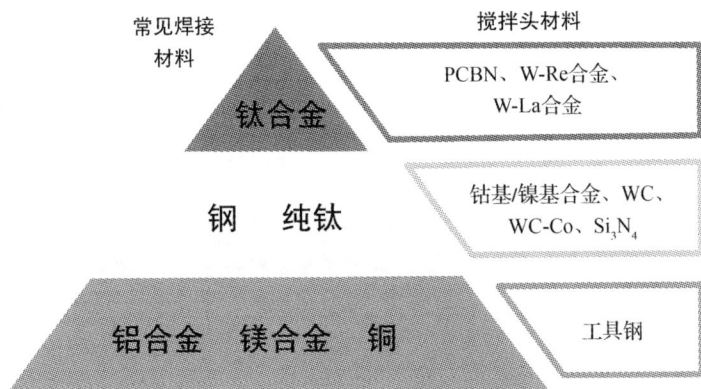

图 2-3 常见焊接材料及对应搅拌头材料

W-Re合金和PCBN为使用效果比较理想的可用于高熔点材料焊接的搅拌头材料。然而，无论这两种材料还是其他合金或陶瓷，都存在加工困难和造价昂贵的问题；合理地设计搅拌头结构能够减少特殊材料的使用，大幅降低搅拌头造价成本，增加焊接经济性。例如，W-Re合金搅拌头远离焊接区域的夹持端受热小，不与待焊材料接触和摩擦，可使用工具钢或模具钢制造（图2-4a），而与高熔点材料相接触的工作部分则使用W-Re合金（图2-4b），最终将两部分组装形成分体式W-Re合金搅拌头（图2-4c）。这种设计可有效减少W-Re合金的使用，针对不同的焊接工况只需相应地更换满足需求的工作部分即可，因此分体式搅拌头制作及使用成本均大幅降低。

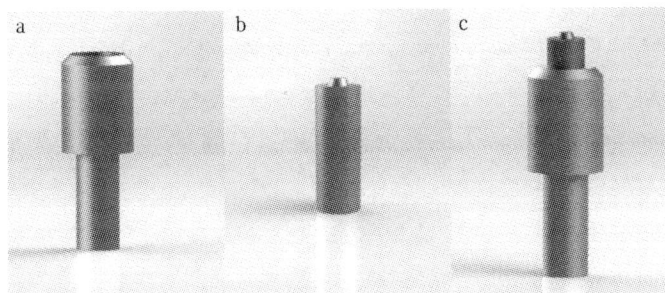

a. 钢制夹持端；b. W-Re合金工作部分；c. 组合结构

图 2-4 分体式 W-Re 合金搅拌头

综上所述，搅拌头是FSW技术的关键，形式多样的搅拌头可满足不同的焊接需求，焊接时搅拌头的合理选择有利于获得高质量的接头。搅拌头材料应具有良好的高温力学性能，并且在焊接时与待焊材料不发生冶金反应。当焊接铝合金和镁合金等低熔点材料时，使用钢制搅拌头即可满足需求；当焊接钛合金和钢等高熔点材料时，需特殊材料制作的高强搅拌头；目前应用最多的材料为 W-Re 合金或 PCBN，但它们都存在加工困难和造价昂贵的问题，搅拌头分体式结构能够减少对贵重材料的使用，降低制作成本，提高焊接经济性。

2.2 轴肩设计与优化

FSW 过程中，受热塑化的材料受旋转搅拌头的驱动在 SZ 内流动并混合，最终实现连接。材料的流动行为是影响接头成型质量的关键，而组成搅拌头的轴肩和搅拌针在驱动 SZ 材料流动方面发挥着各自的作用。在不同焊接工况下，虽然材料的种类和尺寸、接头连接形式和搅拌头外形尺寸都可能存在差异，但焊接过程中 SZ 材料均遵循一定的流动规律。明确焊接过程中搅拌头驱动材料流动的一般作用机制，可为不同工况下搅拌头外形尺寸的适配提供理论依据和指导。本节主要对轴肩结构影响焊接过程中的材料流动规律进行分析。

2.2.1 结构形貌设计

FSW 过程的热输入和 SZ 上部的材料流动主要受轴肩的影响。轴肩的外形尺寸是影响接头质量的关键性因素之一，合理的设计可提高 FSW 接头的成型质量，扩大工艺参数窗口。

焊接过程中，搅拌头轴肩与工件摩擦产热并带动 SZ 上部受热塑化的材料流动，轴肩直径影响 FSW 过程的产热大小和 SZ 上部材料的最大流动速率，其尺寸一般为搅拌针根部直径的 3 倍左右[5]。过小的轴肩直径易导致焊接热输入过小，SZ 内材料流动性较差，降低接头成型质量；过大的轴肩直径会在增大 SZ 宽度，导致焊接热输入过大，加剧接头软化程度，不利于提升接头承载能力。

轴肩结构的设计经历了平面轴肩、内凹轴肩和同心圆轴肩等演变过程，满足了 FSW 技术对提高接头表面成型质量和促进内部材料流动的需求。轴肩的主要作用之一是与接头周围未塑化的材料形成封闭的空间，防止塑化材料从 SZ 上部溢出而形成过大的飞边。因此搅拌头轴肩的设计应考虑焊接时能否促使材料向轴肩中心集中，减少材料的溢出。与平面轴肩相比，内凹轴肩提供了额外空间容纳焊缝材料，减少材料溢出，获得了更好的接头成型。

搅拌头轴肩对 SZ 上部材料的促流效果是设计过程中的重要考虑因素，平面、内凹和同心圆 3 种不同轴肩下 SZ 内的材料流动有所不同（表 2-1）。当轴肩形貌变化时，材料在垂直方向上的流动规律基本相同，但流动速率的大小存在差异。在垂直方向上，平面轴肩、内凹轴肩和同心圆轴肩作用下的材料流动速率依次增大。在水平方向上,轴肩及其附近区域材料流动方向与搅拌头的旋转方向相同;在轴肩的作用力以及 SZ 区高速流动材料的带动下,SZ 上部材料发生塑性流动的区域大于轴肩直径。

表 2-1 不同轴肩作用下接头材料流动[6]

使用内凹轴肩时,被搅拌针挤出的材料由内凹空间容纳,相当于增加了轴肩与材料的接触面积,增强了对材料的驱动能力。此外,根据塑性成型最小阻力定律可知,在轴肩作用力下塑化材料向轴肩内凹区域流动,利于增加内凹区域内材料的流动速率。因此,内凹轴肩作用下材料流动速率大于平面轴肩。另外,材料被挤入同心圆槽或内凹区域,相当于改变材料的流动通道。由于金属材料可视为不可压缩的流体,其流动行为符合流体的连续性定理,即材料的流动速率与流动通道的截面积成反比。由于同心圆轴肩的凹槽截面积明显小于内凹轴肩,因此同心圆轴肩作用下的材料流动速率大于内凹轴肩。值得一提的是,轴肩驱动 SZ 上部材料流动时,也对搅拌针尖端区域的材料流动产生一定影响。同心圆轴肩下搅拌针尖端区域的水平流动速率最高,材料发生水平流动的区域也最大。因此,平面轴肩、内凹轴肩和同心圆轴肩对促进 SZ 材料流动和避免根部缺陷两方面的作用效果依次增加。

2.2.2　轴肩螺纹槽优化

在常规搅拌头作用下，SZ 材料流动受搅拌针和轴肩的双重影响。去除搅拌针能更直接地研究轴肩结构对接头焊接质量的影响。无针搅拌头是基于常规搅拌头改进的新型搅拌头，它不包含传统搅拌头的搅拌针结构。无针搅拌头焊接时，产热来源于轴肩与工件的相互作用，且 SZ 中材料的流动依靠轴肩驱动。相较于常规搅拌头，无针搅拌头焊接过程产热较少且焊核内材料在厚度方向上流动性较差，因此无针搅拌头的焊接深度有限，主要用于薄板焊接。如何通过优化轴肩结构提高焊接深度是无针搅拌头轴肩设计的重要关注点。此外，FSW 过程中，SZ 内材料的溢出会导致焊缝减薄，减小承载面积，不利于获得高质量的焊接接头。薄板 FSW 接头的强度对焊缝减薄量尤为敏感，因此无针搅拌头应尽可能聚拢 SZ 材料，减少材料溢出。综上所述，无针搅拌头的优化应从增大焊接深度和减少材料溢出两方面入手。

图 2-5 为不同无针搅拌头焊接 1.6 mm 厚 2024-T4 铝合金的接头横截面形貌。不同轴肩结构下接头 SZ 大小差异明显，内凹轴肩下接头的焊接深度仅为试板厚度的一半（图 2-5a）；同心圆轴肩下接头的焊接深度明显增大，但焊缝区底部仍存在未焊透缺陷（图 2-5b）；螺旋槽轴肩下接头未焊透缺陷消失，接头成型良好（图 2-5c）。因此，优化搅拌头轴肩结构能有效提升其对 SZ 材料的驱动能力；相较于内凹轴肩和同心圆轴肩，螺旋槽轴肩的焊接深度更大。

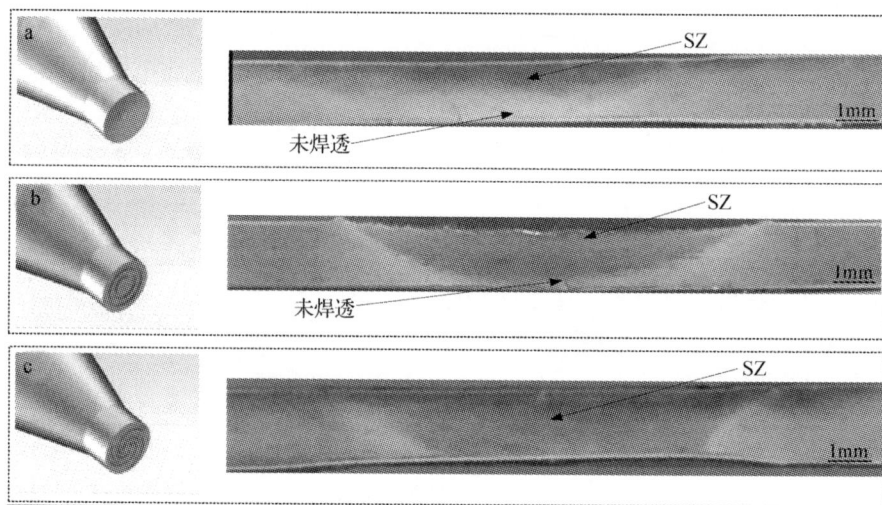

a. 内凹轴肩；b. 同心圆轴肩；c. 螺旋槽轴肩

图 2-5　无针搅拌头的焊接效果[7]

轴肩上的螺旋槽结构能有效促进 SZ 材料流动，增加焊接深度；对螺旋槽的外形尺寸进行优化，可进一步发挥其结构优势。改变螺旋槽的曲率、倾角和开口方式

3个参数，可得到优化槽、大曲率槽、小倾角槽和贯通槽4种不同形式的螺旋槽（图2-6a~d）。焊缝表面两侧飞边的大小可反映轴肩对SZ材料的聚拢能力。使用图2-6中搅拌头在1 000 r/min-500 mm/min工艺参数下对1.2 mm厚6061-O铝合金进行焊接，通过研究焊接过程中材料的流动行为，揭示轴肩上螺旋槽的促流机制。

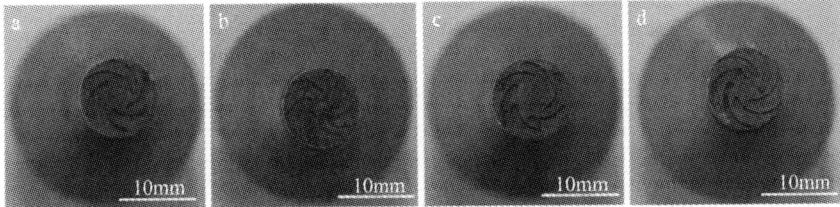

a. 优化槽；b. 大曲率槽；c. 小倾角槽；d. 贯通槽

图2-6　不同螺旋槽轴肩的无针搅拌头[8]

焊接过程中，螺旋槽内的材料受到来自槽壁的两个作用力：一个是与槽壁垂直的推动力 P，另一个是与侧壁平行的摩擦力 f；当搅拌头顺时针转动时，二者的合力 N 推动材料沿沟槽向轴肩中心流动迁移（图2-7a）。随着搅拌头的旋转前移，塑化材料不断流进螺纹槽；当越来越多的材料集中到轴肩中心时，聚集的材料会在轴肩顶锻力作用下向下流动进入SZ核底部（图2-7b）。流到SZ底部的材料在背部垫板的阻挡和SZ上部材料向下推动的双重作用下从SZ两侧边缘向上流动，从而实现SZ上下部材料的迁移和混合，最终完成试板的焊接。

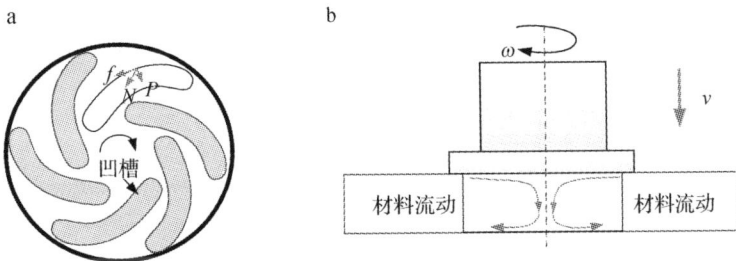

a. 材料受力模型；b. 材料流动模型

图2-7　螺旋槽轴肩的无针搅拌头促流机制[8]

六螺旋轴肩下接头表面成型良好，焊缝两侧无飞边（图2-8a）。与优化螺旋槽相比，大曲率螺旋槽对材料施加合力的方向偏离轴肩中心，难以将塑化材料从轴肩边缘向中心集中，导致更多的材料从SZ中流出，形成较大飞边（图2-8b）。与优化螺旋槽相比，小倾角螺旋槽分布远离轴肩中心，材料从沟槽流出时距轴肩中心仍有一定距离，使材料向轴肩中心的迁移变的困难，导致部分材料从轴肩两侧溢出并形成飞边（图2-8c）。当使用贯通螺旋槽轴肩时，飞边在焊缝表面的中心区域也有分布，这与前述飞边的分布规律有所不同。与轴肩内侧相比，在焊接过程中轴肩边缘与试板间相对速度较大，摩擦产热较多，位于轴肩边缘处的材料流动性更好。因此，贯通螺旋槽作用下轴肩边缘区域的材料易沿贯通螺旋槽做离心运动而被甩出SZ，并在搅拌头后侧的焊缝中心区域形成飞边（图2-8d）。

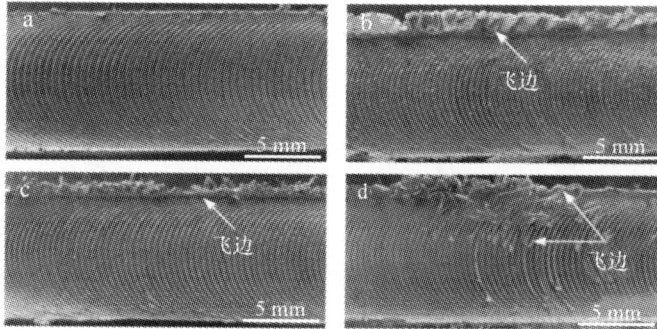

a. 优化螺旋槽；b. 大曲率螺旋槽；c. 小倾角螺旋槽；d. 贯通螺旋槽

图2-8 不同无针搅拌头下接头表面成型[8]

使用优化螺旋槽、大曲率螺旋槽和贯通螺旋槽搅拌头均可获得内部无缺陷接头（图2-9a、b和d），而当使用小倾角螺旋槽时接头底部出现吻槽缺陷（图2-9c）。在焊接过程中，轴肩作用区外的温度随距轴肩边缘距离的增大而降低，材料流动阻力也随之增大；在轴肩作用区内，焊接温度随距轴肩边缘距离的减小而增大。因此，轴肩边缘处焊接温度最高，流动阻力最小，材料流动性最好。焊接过程中材料由靠近轴肩边缘的螺旋槽入口流入，并从靠近轴肩中心的螺旋槽出口流出。对于小倾角螺旋槽，其出口距焊缝中心较远；根据最小阻力准则，集中在螺旋槽出口的材料更易流向轴肩边缘，并溢出形成飞边。因此，材料难以在轴肩中心聚集并向下流动，导致SZ下部材料流动不足，最终形成图2-9c中的吻槽缺陷。优化螺旋槽下良好的成型使接头具有较高的抗拉强度；由于SZ底部吻槽的存在，小倾角螺旋槽接头的抗拉强度最低（图2-9e）。

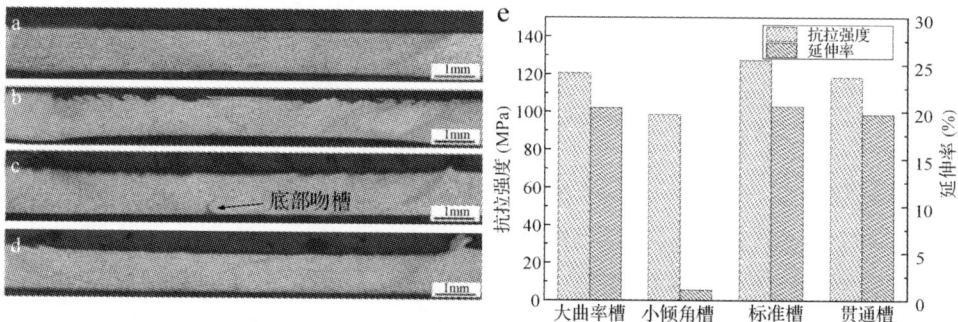

横截面形貌：a. 优化槽；b. 大曲率槽；c. 小倾角槽；d. 贯通槽；e. 拉伸性能

图2-9 不同螺旋槽下接头成型与力学性能[8]

2×××系和7×××系铝合金试板表面常有包铝层（纯铝），其与空气中氧气发生氧化反应并在表面生成致密的氧化铝薄层，可防止内部铝合金被氧化或腐蚀。当使用FSW技术对此类试板进行焊接时，带有氧化铝的包铝层会被搅入焊核，降低接头抗拉强度。

轴肩形貌的差异会影响包铝层进入SZ区的量及分布，进而影响到接头抗拉强度。以含有包铝层的0.87mm厚2024-T4铝合金为例，使用图2-6中4种无针搅拌头进行焊接。当使用优化六螺旋槽轴肩时，SZ内含有较少包铝层（图2-10a）；当使用大曲率螺旋槽或贯通螺旋槽焊具时，SZ内分布着大量打碎后的包铝层组织（图2-10b和d）；当使用小倾角螺旋槽时，SZ内虽未大量出现包铝层组织，但底部产生吻接缺陷（图2-10c）。拉伸试验结果表明：接头拉伸性能和接头中包铝层数量具有较为明显的对应关系（图2-10e）。由于SZ中包铝层组织较少，优化螺旋槽下接头具有较高的抗拉强度；大曲率螺旋槽或贯通槽焊具的接头中存在较多的包铝层组织且材料流动较不充分，因而接头的抗拉强度较低。

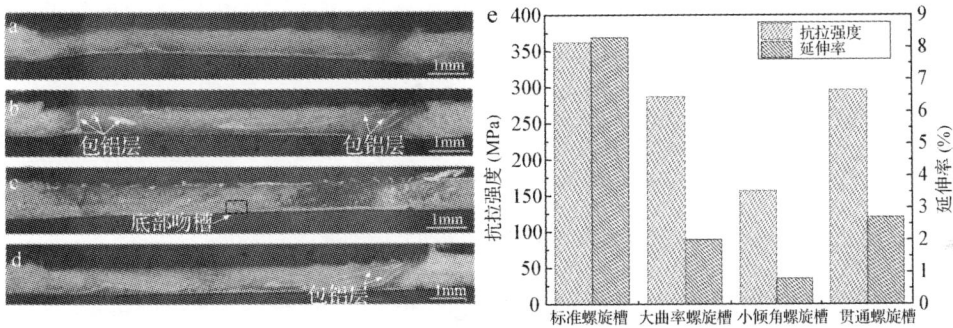

横截面形貌：a. 优化槽；b. 大曲率槽；c. 小倾角槽；d. 贯通槽；e. 拉伸性能

图2-10　不同螺纹槽下带包铝层2024-T4接头成型及力学性能[9]

图2-11为大曲率螺旋槽轴肩或贯通螺旋槽轴肩下包铝层在接头中流动规律。大曲率螺旋槽或贯通螺旋槽导致焊缝两侧出现较多飞边，造成SZ中塑化材料缺失，形成瞬时空腔，此时位于接头底部的包铝层向上流动并与2024-T4铝发生混合。使用优化六螺旋轴肩时，轴肩边缘材料在螺旋槽作用下向中间聚集，只有少部分材料从轴肩两侧溢出形成飞边，SZ中材料充足，不会产生较大的瞬时空腔，因此可抑制底部包铝层材料向上流动。与其他螺旋槽相比，优化螺旋槽可减少包铝层进入SZ，利于接头力学性能的提升，这对其他带包铝层铝合金的焊接具有重要的指导意义。

综上，无针搅拌头可避免由搅拌针导致的匙孔、孔洞、隧道、沟槽等缺陷，但其结构特点也会降低对SZ内材料在板厚方向上的驱动能力，因此有限的焊接深度成为限制无针搅拌头焊接能力的最大阻碍。通过优化轴肩结构可提高无针搅拌头焊接深度；与平面轴肩、内凹轴肩和同心圆轴肩相比，螺旋槽轴肩对SZ中材料的驱动能力更强，因此具有更大的焊接深度。合理设计螺旋槽外形尺寸能更好地发挥轴肩的促流作用，不仅可增大焊接深度，还可在焊接带包铝层铝合金时减少 SZ 中包铝层进入 SZ 中，利于获得高质量的焊接接头。

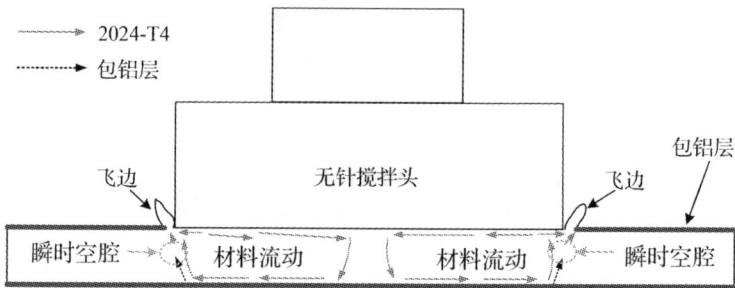

图 2-11   螺旋槽轴肩作用下接头中材料流动规律[9]

2.3   搅拌针设计与优化

作为搅拌头的重要组成部分，搅拌针虽对焊接热输入贡献较少，但在促进 SZ 内材料流动方面发挥着关键作用。搅拌针形貌尺寸直接影响接头内部成型质量；合理设计与优化搅拌针可避免接头内隧道和孔洞等体积型缺陷的形成，在保证焊接质量的同时扩大焊接工艺参数范围。搅拌针的几何外形及尺寸和搅拌针螺纹的外形尺寸等参数是影响接头内部材料行为的主要因素。不同的焊接接头配置所需的材料流动行为不同，本节主要以对接与搭接两种接头形式为例进行讨论。

2.3.1   结构形貌设计

早期搅拌针结构主要为圆柱形（图 2-12a）。随着对搅拌头结构研究的深入，锥形搅拌针及其他更复杂形状搅拌针被设计并应用。与圆柱形搅拌针相比，锥形搅拌针（图 2-12b）的尖端直径较小，可减小焊接过程中 SZ 底部瞬时空腔体积，从而降低接头内体积型缺陷形成的概率；较小的尖端直径还可减小焊接过程中搅拌针的受阻面积，从而降低搅拌针根部所受的弯矩，利于防止搅拌针在根部断裂。此外，针上螺纹能有效提升搅拌针对材料的驱动能力，促进 SZ 内的材料流动。综合考虑搅拌针的经济性、适用性和焊接效果等因素，目前工程实际中应用最多的为锥形螺纹搅拌针。

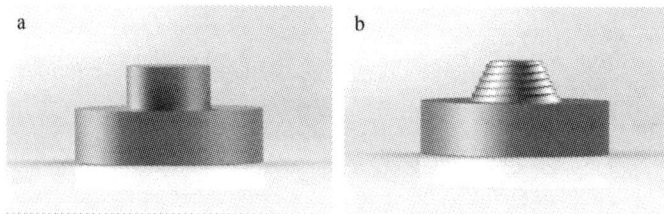

a. 圆柱形搅拌针；b. 锥形螺纹搅拌针

图 2-12   常见搅拌针结构形式

　　转速过低或焊速过快会使焊接温度过低，SZ 中材料塑化不充分，搅拌针受到的前进阻力过大，由此而导致的搅拌针根部折断问题在实际工程中屡见不鲜。大直径搅拌针尽管利于避免断针，但易导致体积型缺陷产生、接头薄弱区变大等问题。因此，搅拌针根部直径需合理设计，以避免断针行为并保证焊接质量。Zhang 等人[10]总结了焊接不同厚度铝合金或镁合金试板所用搅拌针直径的范围，发现搅拌针直径 d 与试板厚度 t 之间的关系可用式（2-1）表示。但对于钢或钛合金等高强高熔点合金，焊接时搅拌针受到的弯矩远大于焊接铝合金或镁合金等材料，在选用 W-Re 合金等特殊材料的同时还应适当增大搅拌针直径，以防止发生断针现象。

$$d = 0.834t + 2.224 \qquad (2-1)$$

　　除直径外，锥角也是搅拌针的重要尺寸参数；增大锥角会减小搅拌针尖端直径，使搅拌针整体直径变小，进而影响搅拌针作用效果。图 2-13 为常规锥形螺纹搅拌针下接头中部和底部附近的材料流动情况。在焊接过程中，搅拌针及其附近区域的材料流动方向与搅拌头旋转方向一致，材料发生塑性流动的区域大于搅拌针直径。搅拌针尖端附近的材料流动速率和发生塑性流动的范围均较小。

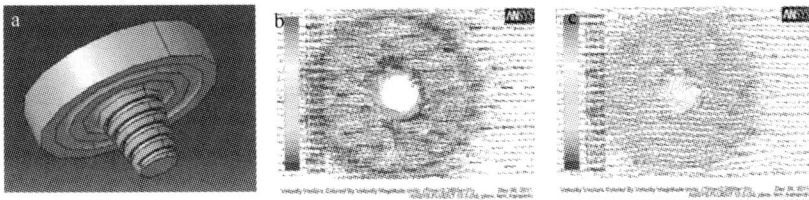

a. 搅拌针形貌；b. 中部区域材料流动；c. 底部区域材料流动

图 2-13　常规搅拌针下材料流动情况[11]

　　增大锥角后搅拌针直径减小，因此在相同转速下大锥角搅拌针（图 2-14a）表面的线速度变小，搅拌针周围材料流动速率也随之下降。因此，与图 2-13 中材料流动情况相比，大锥角搅拌针下接头中部（图 2-14b）和底部（图 2-14c）的材料流动速率减小。焊接热输入主要由摩擦热以及塑性变形热两部分组成，搅拌针锥角过小（如圆柱形等）在削弱锥形搅拌针结构优势的同时，还易导致焊接产热过高，降低接头性能，因此应根据实际焊接工况选用合适的搅拌针锥角。

a. 搅拌针形貌；b. 中部区域材料流动；c. 底部区域材料流动

图 2-14　大锥角搅拌针下材料流动情况[11]

除搅拌针外形尺寸外，搅拌针上的螺纹也对 SZ 内材料流动起着至关重要的作用。螺纹槽两侧的槽壁能增大搅拌针与塑化材料的接触面积，螺纹槽内的材料可获得来自两侧槽壁的额外驱动力，因此螺纹槽搅拌针可更有效地驱动其周围材料的流动。螺纹槽宽对搅拌针螺纹作用的发挥有十分重要的影响。与常规螺纹槽搅拌针相比，宽槽螺纹搅拌针可降低 SZ 区材料的流动速率（图 2-15），这一现象可用流体的连续性定理解释。在 FSW 过程中，高速旋转的材料可看作不可压缩流体；根据连续性定理可知，在同一时间内流过螺纹槽任意截面的材料体积相等，那么则有

$$v_1 A_1 = v_2 A_2 = 常数 \tag{2-2}$$

式中：v 为材料流动速度，A 为螺纹槽截面面积，下标 1 与 2 分别表示不同的截面。由式（2-2）可知，增大 A（螺纹槽变宽）会使 v 变小（流速降低）。因此与图 2-13 中常规螺纹搅拌针相比，宽螺纹槽搅拌针下接头中部和底部区域材料的流动速率较低（图 2-15b 和 c）。

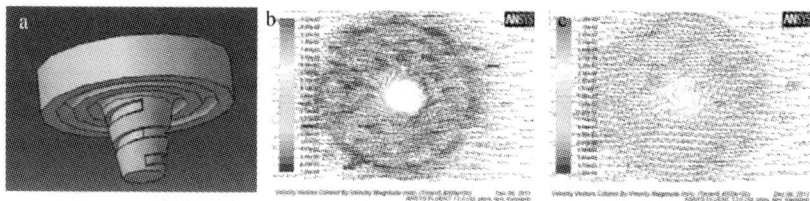

a. 搅拌针形貌；b. 中部区域材料流动；c. 底部区域材料流动

图 2-15　宽螺纹槽搅拌针下材料流动情况[11]

搅拌针螺纹的促流效果受多种因素的影响，除槽宽等尺寸因素外，螺纹旋向亦影响材料在板厚方向上的流动行为。若搅拌针在焊接过程中驱动材料向上流动，则加剧材料沿轴肩边缘溢出，形成较大飞边，造成 SZ 底部材料缺失，易形成孔洞缺陷。因此，搅拌针应在焊接过程中驱动 SZ 内材料向下流动。图 2-16b 和 c 分别为搅拌头逆时针旋转时，左旋螺纹（图 2-16a）和右旋螺纹搅拌针（图 2-13a）下的材料流动情况。相同搅拌针旋转方向下，改变搅拌针上螺纹的旋向对接头内材料流动速率几乎无影响，但材料的流动方向发生根本性变化。右旋螺纹使位于搅拌针表面及附近的材料随搅拌针的旋转向下流动，位于外围热机影响区（Thermo-mechanically affected zone，TMAZ）的材料向上流动（图 2-16c）。然而，左旋螺纹使位于搅拌针表面及附近的大部分材料随搅拌针的旋转向上流动，位于 TMAZ 的材料向下流动（图 2-16b）。因此，在焊接过程中可采用搅拌针螺纹旋向（左或右）与旋转方向（顺或逆）的搭配来驱动 SZ 内的材料向上或向下流动。一般来说，SZ 内材料向下流动利于防止孔洞或沟槽缺陷的产生，因此在焊接时往往采用"左+顺"或"右+逆"的组合。

综上，搅拌针的形貌/尺寸对 SZ 内材料的流动有重要影响。锥形螺纹搅拌针是目前实际工程中应用最为广泛的搅拌针结构；直径、锥角、螺纹槽宽等是影响焊缝质量的主要参数，值过大或过小都不利于高质量或高可靠性的焊接，需根据实际工况合理设计。

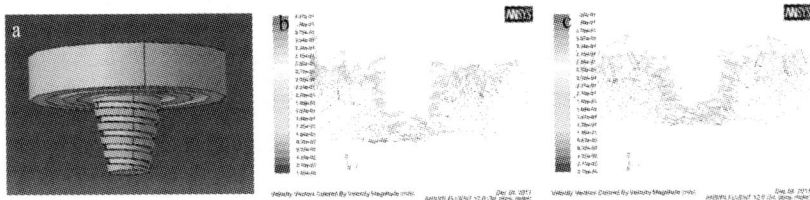

a. 左旋搅拌针形貌；b. 左旋下材料流动；c. 右旋下材料流动

图 2-16　不同螺纹旋向下材料垂直流动情况[11]

2.3.2　搅拌针螺纹优化

对于对接接头来说，FSW 内各处成型均对接头强度有着重要影响。因此，国内外学者在研究搅拌摩擦对接焊时往往把重点放于如何改善 SZ 整体的材料流动行为。除对接外，搭接是 FSW 工艺研究的另一主要接头形式。FSLW 接头搭接界面及附近的形貌是影响接头拉剪性能的关键因素。不同于对接焊，FSLW 工艺的研究重点往往是如何改善搭接界面及其附近的材料流动行为。因此，适用于 FSLW 的搅拌头在结构设计上更具多样性与独特性。本节主要以 FSLW 工艺为例，介绍课题组在搅拌针设计方面取得的成果。

（1）焊接过程材料集聚区的形成及其影响

为实现 SZ 区材料的充分流动、减少 SZ 底部缺陷的形成，搅拌头往往需要有效驱动 SZ 上部材料向下流动。在此过程中，SZ 上部的材料首先会在旋转轴肩的聚拢作用下向 SZ 中心聚集，而后在轴肩作用力和搅拌针的驱动下向下流动；向下流动至搅拌针尖端附近的材料将失去搅拌针给予的直接驱动作用，因此在搅拌针尖端附近发生聚集，进而形成材料集聚区（图 2-17）。随着焊接过程的进行，搅拌针尖端聚集的材料逐渐增多，材料集聚区逐渐扩大并对外围区域材料产生挤压，使其向上流动。焊接过程中材料集聚区的形成是影响 SZ 内材料流动行为的关键一环，对搭接接头的内部成型有着重要影响。

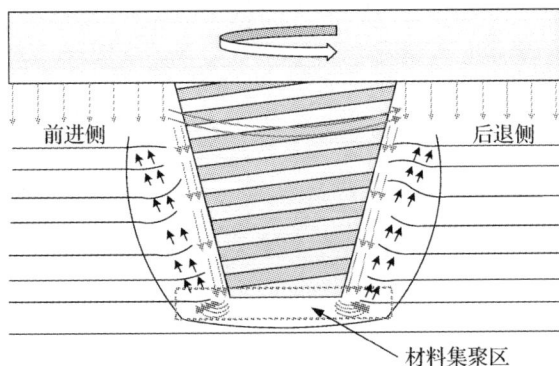

图 2-17　焊接过程材料集聚区的形成

为实现上、下试板材料的充分混合，FSLW 过程中的搅拌针常扎入下板，上下板间的材料流动使搭接界面产生弯曲，进而形成钩状结构和冷搭接结构（简称冷搭接）。图 2-18 为常规锥形螺纹搅拌针下 FSLW 过程的材料流动行为示意图。与图 2-17 中 FSW 过程相似，FSLW 接头上板材料沿螺纹向下流动并在搅拌针尖端聚集，进而形成的材料集聚区会挤压搅拌针尖端的外围材料使其向上流动。在接头前进侧，向上流动的材料对搭接界面产生向上的挤压作用，因此界面向上弯曲并形成钩状结构。在焊接过程中，接头上板材料在旋转轴肩作用下既向下流动又由前进侧向后退侧迁移，并在后退侧填充搅拌针经过后留下的瞬时空腔；在轴肩作用下向下流动的材料会挤压搭接界面，使界面产生向下弯曲的形貌。因此，在接头后退侧，搭接界面形成的冷搭接除受材料集聚区的影响向上弯曲外，还存在向下弯曲的趋势。

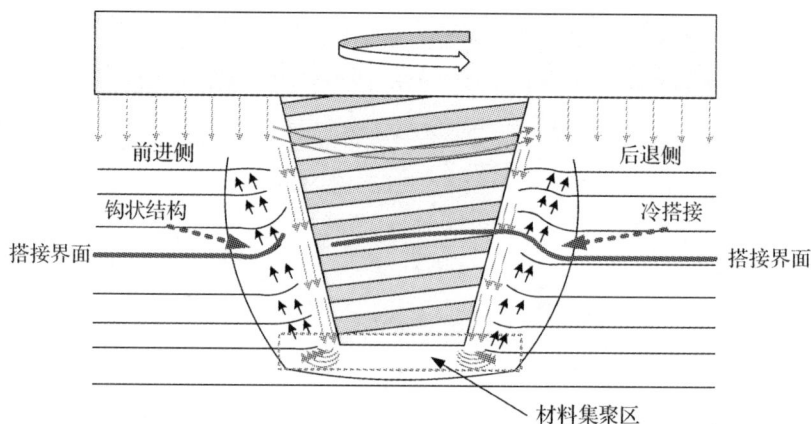

图 2-18　搭接过程钩状结构和冷搭接的形成

钩状结构和冷搭接结构对接头的拉剪性能有重要影响。钩状结构和冷搭接是上下板间形成有效连接的重要体现，但较大的钩状结构和冷搭接会分别减小接头的有效搭接宽度（Effective lap width，ELW）和有效搭接厚度（Effective sheet thickness，EST），影响接头拉剪性能。ELW 是指前进侧钩状结构尖端到后退侧冷搭接（或冷搭接内裂纹）尖端的水平距离，EST 是指钩状结构的尖端或冷搭接的最高点到接头上表面的最小值。FSLW 接头的拉剪强度往往受 ELW 和 EST 的综合影响，较小的 ELW 或 EST 均限制接头的强度提升。ELW 过低时，在钩状结构或冷搭接处萌生的裂纹易沿搭接界面扩展，最终穿过 SZ 形成剪切断裂。EST 过低时，裂纹从钩状结构的尖端萌生，沿 SZ 边缘向接头上部扩展，到达接头表面后形成拉伸断裂。一般而言，拉剪强度较高的 FSLW 接头的 ELW 和 EST 值均较高。根据接头受力形式的不同，存在前进侧受力（形式 A）和后退侧受力（形式 B）两种搭接形式。A 和 B 两种搭接形式下接头的拉剪强度分别主要受钩状结构与冷搭接形貌的影响。

钩状结构和冷搭接的向上弯曲程度与焊接过程中材料集聚区向上挤压搭接界面有关。对于 FSLW 接头，减小钩状结构和冷搭接高度有助于增加接头 EST。调控 FSLW

接头中材料集聚区的大小和位置可改善钩状结构和冷搭接形貌，从而提升接头强度。调控措施可从以下几方面入手：一是使材料集聚区形成于界面上部，使其对界面产生向下的挤压作用；二是减小搭接界面下方材料集聚区的体积，从而减轻其对界面的向上挤压；三是使材料集聚区形成于界面处，使其由对界面的垂直挤压转变为水平挤压；四是焊接过程中不断改变材料在 SZ 中的流动趋势，避免材料在某一区域聚集而产生材料集聚区。以上思路可为搅拌针结构及搅拌针螺纹优化的开展提供指导。

（2）搅拌针长度改变材料集聚区位置

当使用全螺纹锥形搅拌针时，向下流动的材料主要在搅拌针尖端形成材料集聚区，因此调节搅拌针长度可实现材料集聚区位置的调整，进而优化接头内部成型，提升拉剪性能。分别使用图 2-19 中 2 mm、3 mm、4 mm 和 5 mm 4 种不同长度的搅拌针对带有包铝层的 3 mm 厚 2024-T4 铝合金试板进行焊接，研究搅拌针长度对 SZ 内部成型的影响（图 2-20）。焊接工艺参数采用 700 r/min、850 r/min 和 1 000 r/min 3 种转速，并使用 A、B 2 种搭接形式。

a. 2 mm；b. 3 mm；c. 4 mm；d. 5 mm

图 2-19　不同长度的搅拌针[12]

4 种搅拌针均为常规全螺纹锥形搅拌针，在焊接过程中材料沿搅拌针流动至针尖端形成材料集聚区。对于 2 mm 长搅拌针，针尖端距搭接界面仍有一段距离，因此受搅拌针驱动向下流动的材料聚集于搭接界面上方并形成材料集聚区，对界面产生向下的挤压作用。由于界面及其周围的材料塑化程度较低，抵抗上部材料挤压的能力较强，因此搭接界面最终保持平直状态（图 2-20a）。当然，材料集聚区的挤压可强化上下板材料在界面处的原子扩散效果，利于形成良好的冶金结合。3 mm 搅拌针的尖端轻微扎入下板，材料集聚区形成于搭接界面处，因此聚集在搅拌针尖端的材料对搭接界面产生水平挤压作用，而对界面垂直方向上的挤压作用较小，导致钩状结构弯曲程度非常小且冷搭接非常短（图 2-20b）。当搅拌针长度为 4 mm 时，较大的扎入下板深度使材料在搭接界面下方形成材料集聚区，导致钩状结构和冷搭接向上弯曲明显（图 2-20c）。当搅拌针长度为 5 mm 时，进一步增大的下扎深度使在界面下方形成的材料集聚区更大，导致接头中钩状结构和冷搭接的向上弯曲程度增大（图 2-50d）。综上，改变搅拌针长度可调整材料集聚区相对于搭接界面的形成位置，进而影响接头中钩状结构和冷搭接的形成及其形貌。

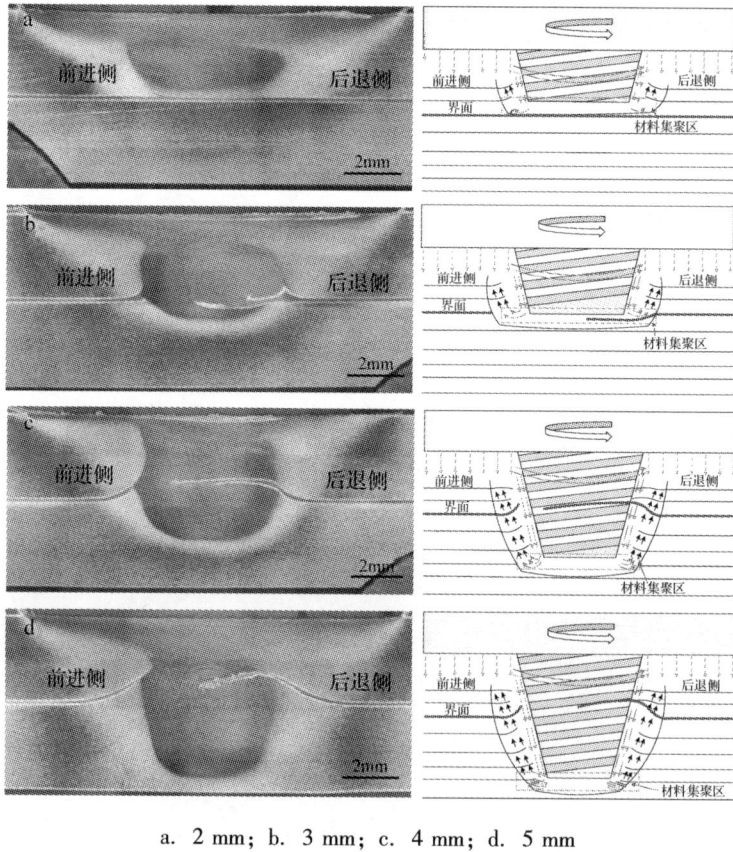

a. 2 mm；b. 3 mm；c. 4 mm；d. 5 mm

图 2-20 不同长度搅拌针的焊接效果及材料流动规律对比[12]

图 2-21a 和 b 分别为不同长度搅拌针下接头前进侧有效搭接厚度（EST$_{前}$）和后退侧有效搭接厚度（EST$_{后}$）。当搅拌针较短（2 mm 或 3 mm）时，材料集聚区位于界面上方或恰在界面处，上下板之间材料交互不剧烈，钩状结构和冷搭接无或较小，因此接头的 EST 大且变化不明显。当搅拌针（4 mm）扎入下板的深度较大时，由于材料集聚区下移，接头中出现明显弯曲的钩状结构和冷搭接，EST 急剧下降；继续增加搅拌针长度（5 mm），EST 值上升或下降的幅度相对变缓。ELW 值仅在材料集聚区恰好位于搭接界面处时波动明显（3 mm 搅拌针）；当材料集聚区在界面的上或下方时，ELW 值变化较小（图 2-21c）。因此，螺纹搅拌针的长度变化可引起材料集聚区位置的改变，对 FSLW 接头的 EST 及 ELW 产生显著影响。图 2-21d 和 e 分别为 700 r/min 转速时 A 和 B 两种形式下搭接接头的拉剪载荷变化趋势；3 mm 搅拌针下获得的接头具有较大 EST 和 ELW，因此其拉剪载荷最高。

搭接界面处结合状况影响接头的断裂行为。对于 2 mm 搅拌针，接头界面处仅靠包铝层间的原子扩散进行连接，而包铝层的强度比母材低；由于搭接界面距搅拌针尖端较远，焊接温度较低，不利于包铝层间的扩散连接。因此，接头沿搭接界面发生剪切断裂（图 2-22a 和 e），且拉剪载荷较低。在其他长度的搅拌针下，界面处

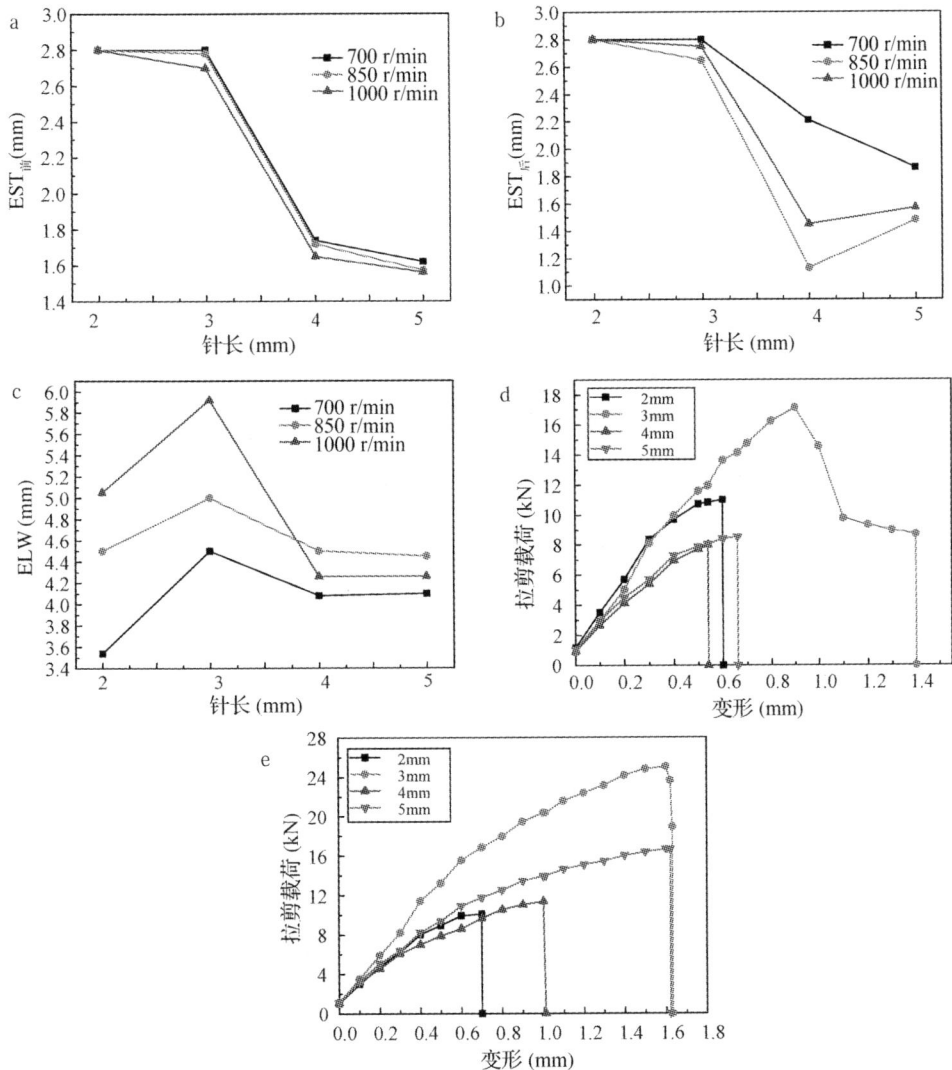

a. $EST_{前}$；b. $EST_{后}$；c. ELW；d. A 形式下拉剪载荷；e. B 形式下拉剪载荷

图 2-21 搭接接头的 EST、ELW 及拉剪载荷[12]

部分包铝层被打碎，上下板材料在搭接界面处充分混合，利于形成强度较高的接头。然而，形成的钩状结构和冷搭接使接头 EST 降低，在拉剪载荷作用下裂纹于钩状结构或冷搭接顶部萌生并向上或向下延伸，最终使接头在上板或下板发生拉伸断裂（图 2-22b~d 和 f~h）。另外，在拉伸断裂模式下，EST 的减小不利于接头抗拉强度的提升，因此接头抗拉强度随着搅拌针长度的增加主要呈现下降趋势。

综上，材料集聚区形成于全螺纹搅拌针尖端，因此搅拌针长度对 FSLW 接头的内部成表有重要影响。当搅拌针扎入下板的深度较大时，材料集聚区形成于搭接界面下方，接头中形成明显的钩状结构和冷搭接。当搅拌针尖端未扎入下板时，材料集聚区形成于界面上方，可避免钩状结构和冷搭接的形成，此时上下板的连接主要

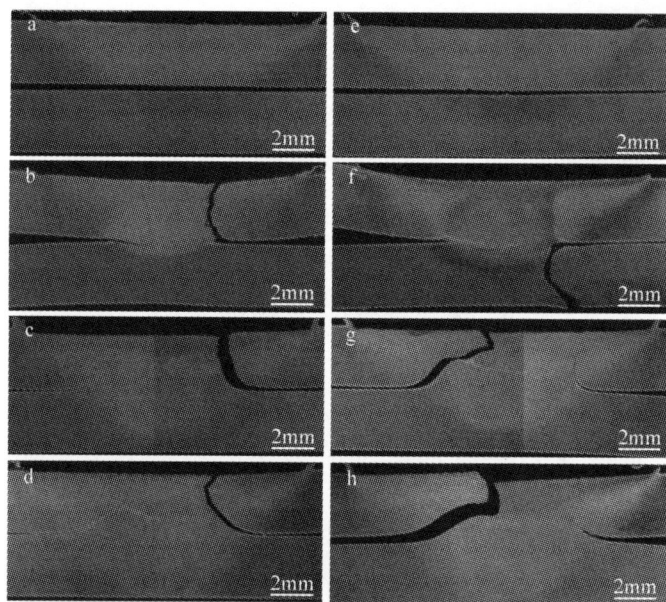

A 形式：a. 2 mm；b. 3 mm；c. 4 mm；d. 5 mm；
B 形式：e. 2 mm；f. 3 mm；g. 4 mm；h. 5 mm

图 2-22 不同长度搅拌针下接头断裂位置[12]

依靠界面处的原子扩散。当搅拌针轻微扎入下板时，接头中产生较小的钩状结构和冷搭接，使增大 E；形成于界面处的材料集聚区可增加 SZ 区在搭接界面处的宽度，使 ELW 增大；两者均利于获得高抗拉剪载荷能力的接头。

（3）螺纹形式改变材料集聚区位置

对于螺纹搅拌针，螺纹槽中的材料与搅拌针表面的接触面积较大，可更有效地驱动材料流动。搅拌针的螺纹部分可使周围的材料具有较高的流动速率，而与无螺纹部分接触的材料流速较慢。通过改变螺纹在搅拌针上的分布形式，可调节材料在 SZ 内不同区域的流动速率，进而影响材料集聚区的位置。因此，在不改变搅拌针长度的前提下，仅改变搅拌针上的螺纹分布，同样可优化材料流动行为，改善接头内部成型，提高接头拉剪强度。

使用图 2-23 中全螺纹搅拌针和底部半螺纹搅拌针对 4 mm 厚 7N01-T4 铝合金进行焊接。全螺纹搅拌针使材料集聚区形成于搭接界面下方，造成明显的钩状结构和冷搭接，接头 EST 与 ELW 分别为 2.8 mm 与 5.3 mm（图 2-24a）。

对于底部半螺纹搅拌针来说，当 SZ 上部材料向下流动至螺纹末端时，螺纹的消失使搅拌针驱动材料继续向下流动的能力减弱，材料下流速率减小。因此，向下流动的材料在界面上方的螺纹末端被释放，并聚集形成材料富集区；材料集聚区驱动周围材料向下挤压界面，使前进侧的界面轻微地向下弯曲且后退侧的界面呈现几乎平直的形貌。因此，当使用底部半螺纹搅拌针时，EST 由 2.8 mm 增加到 3.7 mm。

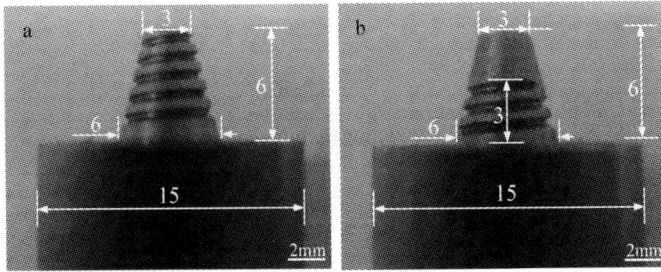

a. 全螺纹；b. 底部半螺纹

图 2-23 不同螺纹形式搅拌针[13]

另外，当使用底部半螺纹搅拌针时，材料集聚区下方的 SZ 材料由于缺少螺纹的加速效果而具有较小的流动速率，导致 ELW 小幅度下降，由 5.3 mm 降为 5.0 mm。

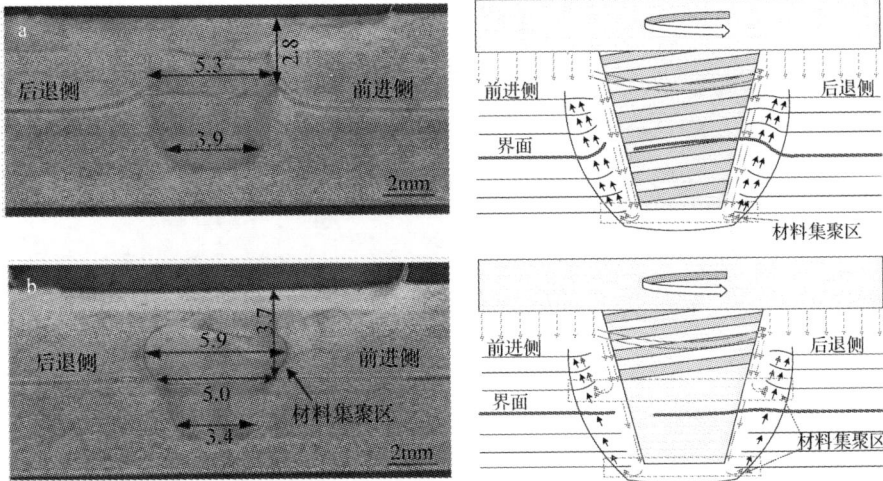

a. 全螺纹；b. 底部半螺纹

图 2-24 全螺纹和底部半螺纹搅拌针下的焊接效果对比[13]

不同搅拌针下 ELW 和 EST 是影响接头拉剪强度及断裂行为的主要因素。图 2-25a 为后退侧受力时接头的拉剪载荷。相对于常规全螺纹搅拌针，底部半螺纹搅拌针下 FSLW 接头强度更高。接头均断于搭接界面处（图 2-25b 和 c），呈现剪切断裂模式，因此接头 ELW 的大小对接头强度有着重要影响。与全螺纹搅拌针相比，半螺纹搅拌针下 ELW 轻微下降，弱化接头承载能力；位于上方的材料集聚区可促进界面两侧材料间的冶金结合，强化接头承载能力。当强化效果占优时，使用底部半螺纹搅拌针可获得更高质量的接头（图 2-25a）。

基于减少材料在搭接界面下方集中的思路，设计一种尖部半螺纹搅拌针。相对于常规全螺纹，尖部半螺纹可降低搅拌针驱动上板材料向下流动的能力，减少材料在搭接界面下方的集中量，进而减弱搭接界面所受的向上挤压力，利于获得大尺寸 EST 的搭接接头。

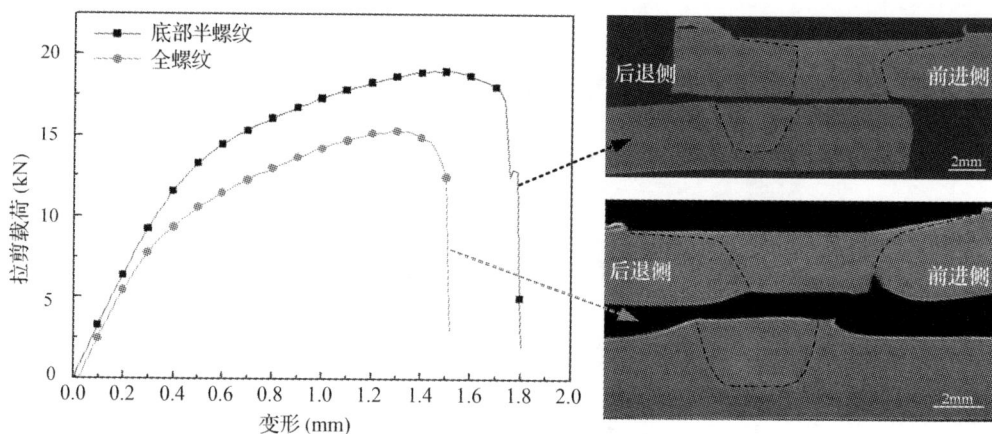

图 2-25　接头拉剪载荷及断裂位置[13]

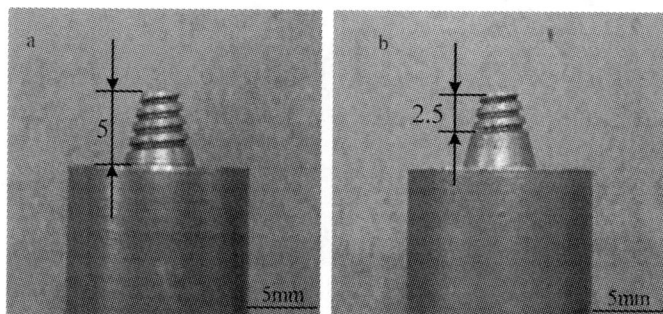

a. 全螺纹；b. 尖部半螺纹

图 2-26　不同形式的螺纹搅拌针[14]

使用图 2-26 中的常规全螺纹搅拌针和尖部半螺纹搅拌针分别对带包铝层的 3 mm 厚 2024-T4 铝合金进行焊接，焊接时使用 A 和 B 两种搭接形式。使用全螺纹搅拌针获得的接头中形成了明显的钩状结构和冷搭接（图 2-27a）；使用尖部半螺纹时，接头中钩状结构和冷搭接明显减小（图 2-27b）。

全螺纹搅拌针下接头 $EST_前$ 和 $EST_后$ 分别为 1.8 mm 和 1.5 mm，而尖部半螺纹搅拌针下的接头 $EST_前$ 和 $EST_后$ 分别增加到 2.7 mm 和 2.3 mm。另外，对于尖部半螺纹搅拌针，根部无螺纹部分使上板材料的流动速度较低，影响在搭接界面处的宽度，导致接头 ELW 由全螺纹下的 5 mm 减小至 4.3 mm。因此，尖部半螺纹可增大接头 EST 而减小 ELW，使得接头在承受拉剪载荷时的断裂行为发生改变。

图 2-28 为两种搅拌针下使用 A 和 B 两种搭接形式时接头的拉剪载荷和断裂路径。在尖部半螺纹搅拌针作用下，无论是前进侧还是后退侧受力，接头拉剪载荷均增加。常规全螺纹搅拌针作用下的接头呈现拉伸断裂模式，这是由接头中较小的 EST 所导致的。在使用尖部半螺纹搅拌针时，较大的 EST 使接头上板的承载能力得

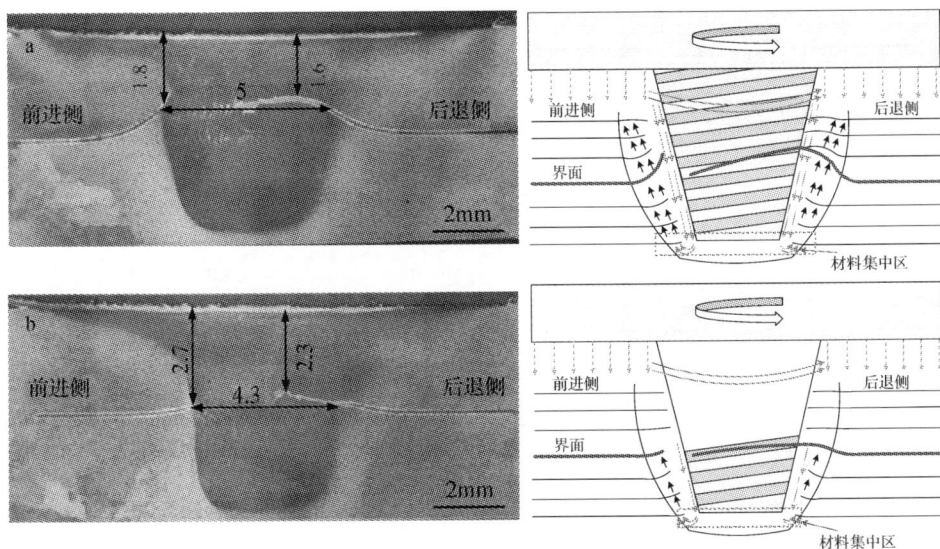

a. 全螺纹；b. 尖部半螺纹

图 2-27 尖部半螺纹和全螺纹搅拌针焊接效果对比[14]

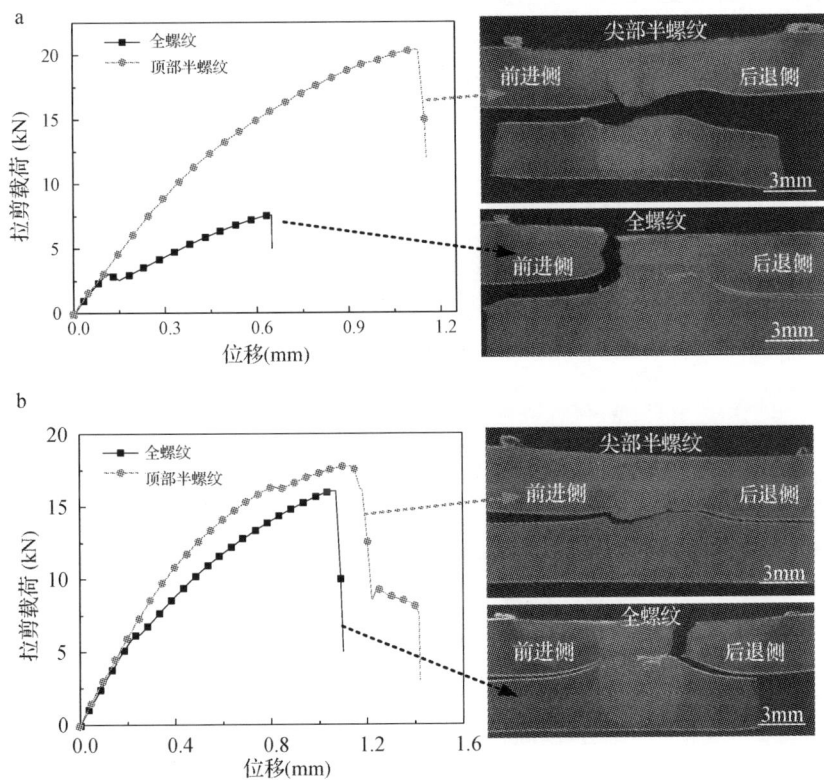

a. A 搭接形式；b. B 搭接形式

图 2-28 接头拉剪载荷及断裂位置[14]

到提升，而减小的 ELW 使搭接界面成为接头薄弱区；在外载荷作用下裂纹从冷搭接或钩状结构尖端处萌生并扩展进入 SZ，最终导致剪切断裂的发生。

根据将材料集聚区向界面处迁移的思路，设计一种正反螺纹搅拌针。在合理的搅拌针旋转方向下，这种搅拌针尖部和底部相反旋向的螺纹可分别驱动上、下板中材料向搭接界面处聚集并形成材料集聚区。

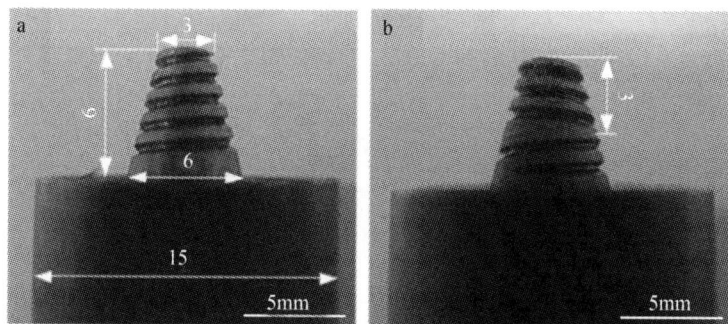

a. 全螺纹；b. 正反螺纹

图 2-29　不同形式的螺纹搅拌针[15]

使用全螺纹搅拌针（图 2-29a）和正反螺纹搅拌针（图 2-29b）对带包铝层的 2024-T4 铝合金进行焊接。全螺纹搅拌针的材料集聚区产生于界面下方，致使接头中形成明显钩状结构和冷搭接（图 2-30a）。对于正反螺纹搅拌针（图 2-30b）来说，逆时针旋转的搅拌针可驱动上板中材料向下流动，及驱动下板中材料向上流动，在上下板中间的搭接界面处形成材料集聚区。材料集聚区会对界面处 SZ 两侧材料施加水平挤压，使界面处 SZ 宽度明显变大。另外，由于对材料沿垂直方向的流动行为产生影响，正反螺纹搅拌针可使钩状结构和冷搭接减小。与常规全螺纹搅拌针相比，正反螺纹搅拌针下接头 ELW 和 EST 分别由 6.1 mm 和 0.9 mm 增加至 7.1 mm 和 1.0 mm，因此，当使用正反螺纹搅拌针时，FSLW 接头易于获得较大的 ELW 和 EST。

图 2-31 为不同螺纹分布下的接头拉剪载荷。与常规全螺纹搅拌针相比，正反螺纹搅拌针可获得更高强度的接头，这与接头的 EST 及 ELW 的提升相对应。常规全螺纹下 SZ 区后退侧界面处的包铝层未与母材充分混合；SZ 前进侧包铝层呈现洋葱环形貌，并与后退侧包铝层相接。因此，在接头承受外力时，裂纹易沿强度低于 2024-T4 铝的包铝层延伸，导致剪切断裂。当使用正反螺纹搅拌针时，钩状结构和冷搭接的弯曲程度较小；搭接界面附近材料的充分流动使包铝层与 2024-T4 铝合金充分混合，前进侧包铝层呈不连续分布，利于提高前进侧的承载能力。因此，在外载荷作用下，裂纹扩展到冷搭接顶部后向上延伸并穿过 SZ，最终形成拉伸断裂。

为进一步促使材料向搭接界面聚集，减小钩状结构和冷搭接尺寸，在锥形正反螺纹搅拌针的基础上，设计了一种内凹形螺纹搅拌针（图 2-32a）。使用该搅拌针对

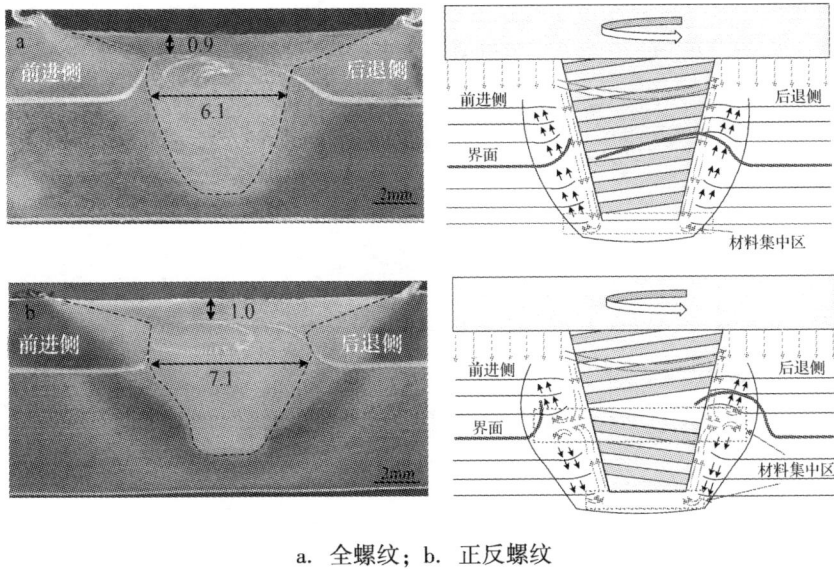

a. 全螺纹；b. 正反螺纹

图 2-30　全螺纹和正反螺纹搅拌针焊接效果对比[15]

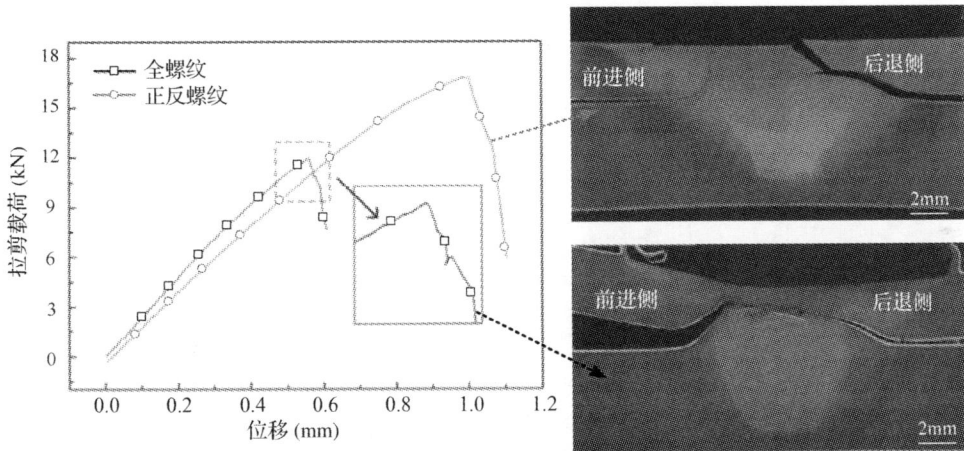

图 2-31　接头拉剪载荷及断裂位置[15]

7075-T6/6061-T6 异种铝合金在 1 000 r/min-50 mm/min 焊接工艺参数下进行搭接试验，接头横截面形貌如图 2-32b 所示。与常规锥形全螺纹搅拌针不同，内凹形搅拌针下 FSLW 接头中的搭接界面由向上弯曲变为向下弯曲，这使接头的 EST 几乎与上板等厚。图 2-32c 为焊接过程的材料流动情况。内凹形搅拌针的大尖端直径使 SZ 下部产生较大的塑性流动区，搅拌针周围材料具有较好的垂直流动性。搅拌针外围材料向下流至 SZ 底部后可沿搅拌针尖部的反向螺纹向上流动，因此不会在搅拌针尖端形成材料集聚区。沿尖部搅拌针向上流动的材料与 SZ 上部向下流动的材料在搅拌针内凹区域交汇撞击，形成的"撞击流"可极大增强材料集聚区内的材料交互与混合，有望消除焊缝内冷搭接，进而大幅度提升搭接接头的承载能力。

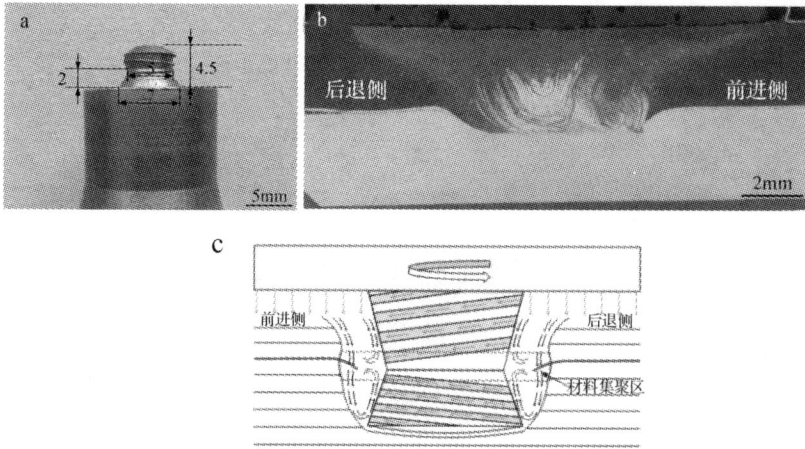

a. 内凹形搅拌针；b. 接头横截面成型；c. 材料流动示意图

图 2-32 内凹形搅拌针焊接效果及材料流动形式

事实上，除将螺纹在垂直方向上对称布置形成正反螺纹外，也可将其在水平方向上对称布置而设计成一种镜像螺纹搅拌针（图2-33a）。镜像螺纹搅拌针可避免接头中材料不断地以同一形式流动，从而减少材料在 SZ 区某一区域持续地聚集，从根源上避免材料集聚区的形成及其导致的钩状结构或冷搭接。使用镜像螺纹搅拌针对 2024-T4/7075-T6 异种铝合金进行 FSLW 试验，获得的接头横截面形貌见图 2-33b。在镜像螺纹作用下，接头前进侧未形成向上弯曲的钩状结构，且后退侧的冷搭接仅具有轻微向上弯曲的趋势；SZ 区材料混合充分，呈现锯齿状结合界面，可延长界面的连接长度且使上下板间形成有效的机械互锁。

a. 镜像螺纹搅拌针；b. 接头横截面形貌

图 2-33 镜像螺纹搅拌针及接头成型

当镜像螺纹搅拌针逆时针旋转时，右螺纹驱动材料向下流动，而左螺纹驱动材料向上流动。搅拌针旋转一周对材料的驱动形式可分为两个阶段：第一阶段（图2-34a 与 b）与第二阶段（图2-34c 与 d）。当搅拌针由图中0°方位开始旋转时（图2-34a），右螺纹和左螺纹分别位于前进侧和后退侧，此时前进侧材料在轴肩顶锻力和右螺纹驱动下向下流动，材料在搅拌针底部由前进侧到达后退侧；大多数本应聚集在后退侧的材料在左螺纹驱动下向上流动，而少量剩余材料对搭接界面形成较小的向上挤压作用。当搅拌针旋转至90°方位后（图2-34b），搅拌针右螺纹由前进侧逐渐向后退侧过渡，左螺纹由后退侧向前进侧过渡；此过程中右旋螺纹驱动材料向下流动，加之前进侧材料由搅拌针底部向后退侧的转移，后退侧聚集的材料达到峰值，冷搭接弯曲程度达到最大。随着搅拌针继续旋转，前进侧和后退侧的材料流动分别由第一阶段的右螺纹主导和左螺纹主导逐渐过渡到分别由左螺纹主导和右螺纹主导，此时搅拌针对材料的驱动进入到第二阶段。当搅拌针旋转至180°后（图2-34c），接头前进侧材料完全受左螺纹驱动而向上流动，SZ底部由前进侧向后退侧转移的材料也因此减少，后退侧界面承受材料向上流动的挤压力变小；SZ区后退侧上部的材料在右螺纹及轴肩驱动下向下流动并挤压冷搭接结构。当搅拌针旋转至270°后（图2-34d），左螺纹由前进侧逐渐向后退侧过渡，右螺纹由后退侧向前进侧过渡，最终左、右螺纹一半位于前进侧一半位于后退侧，此时后退侧的冷搭接只呈现轻微向上弯曲的形貌。在焊接过程中，随着搅拌针的旋转，搭接界面不断地上下弯曲并最终形成锯齿状的结合界面。焊接过程中左、右旋螺纹在前进侧和后退侧不断交替，材料未以同一形式持续流动，无法形成明显材料集聚区，因此前进侧的界面最终呈现平直形貌。

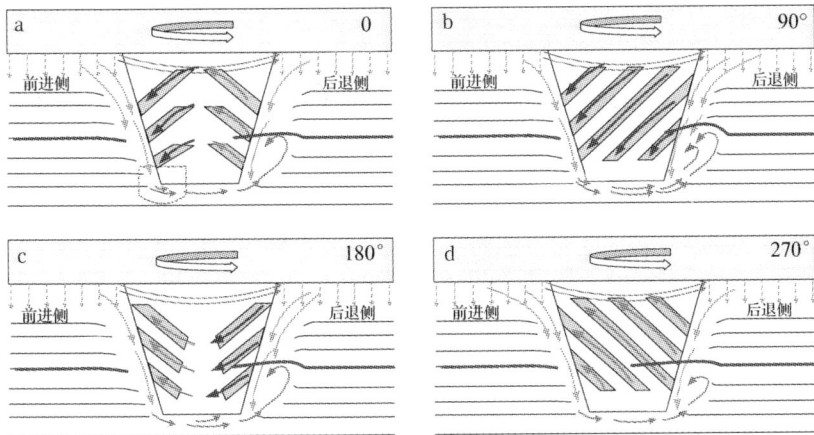

a. 0°；b. 90°；c. 180°；d. 270°

图2-34 镜像螺纹搅拌针不同旋转角度下材料流动示意图

综上，FSLW过程中材料集聚区与搭接界面间的相对位置对接头内钩状结构和冷搭接形貌具有重要影响。在不扎透上板的情况下，使用较短的搅拌针可使在针尖端形成的材料集聚区位于搭接界面上方，抑制钩状结构和冷搭接的形成，但不利于上下板之间材料的充分混合。在扎透上板的情况下，可优化搅拌针螺纹分布形式以改善接头内的材料流动行为。底部半螺纹搅拌针可使材料集聚区位于搭接界面上方，实现对钩状结构和冷搭接向下挤压；尖部半螺纹搅拌针可减慢上部材料沿搅拌针向下流动，减小界面下方所形成材料集聚区的体积，弱化对界面向上的挤压作用，减轻钩状结构和冷搭接弯曲程度；正反螺纹搅拌针可使接头上、下部材料向中间的界面附近聚集，在减小钩状结构和冷搭接弯曲程度的同时，还可增大接头

ELW；内凹形搅拌针对抑制钩状结构/冷搭接的形成和促进材料在界面附近混合具有突出效果；镜像螺纹搅拌针可避免材料以同一形式持续流动，从根源上杜绝材料集聚区的形成，有效消除钩状结构并减小冷搭接。因此，通过优化螺纹的分布形式可以达到调节材料集聚区位置的目的，为减小或消除界面处的钩状结构和冷搭接、提升 FSLW 接头承载能力提供有效途径。

2.3.3 外凸螺旋台搅拌针

常规 FSLW 过程中，搅拌针扎入下板造成搭接界面下方形成材料集聚区是接头中钩状结构和冷搭接形成的主要原因。为避免钩状结构与冷搭接，采用在焊接过程中搅拌针不扎入下板的思想，依靠搅拌针在界面上方带动的材料流动和产生的焊接热使上下板材料在界面处发生原子扩散，最终形成搅拌摩擦扩散连接（Friction stir diffusion bonding，FSDB）。常规锥形螺纹搅拌针尖端直径较小，SZ 底部产热较少且材料流动速率较小，不利于 FSDB 接头界面处扩散连接的形成。为满足 FSDB 工艺要求，需对搅拌针结构进行优化，以充分发挥 FSDB 的工艺优势。前述研究已表明，螺旋槽轴肩有利于驱动材料流动并使材料向 SZ 中心聚集。为了提高 FSDB 过程中搅拌针尖端附近的材料流动，设计一种外凸螺旋台搅拌针（图 2-35）。与常规锥形螺纹搅拌针不同，这种搅拌针由外凸的螺旋台构成，此结构可增强搅拌针尖端对周围材料的驱动能力，利于增大 SZ 底部面积且促进界面处的扩散连接。螺旋台个数影响搅拌针作用的发挥，利用图 2-35 中具有不同螺旋台的搅拌针对 1.5 mm 厚 2024-T4 铝合金进行 FSDB 工艺研究，以探究螺旋台搅拌针的作用机制。

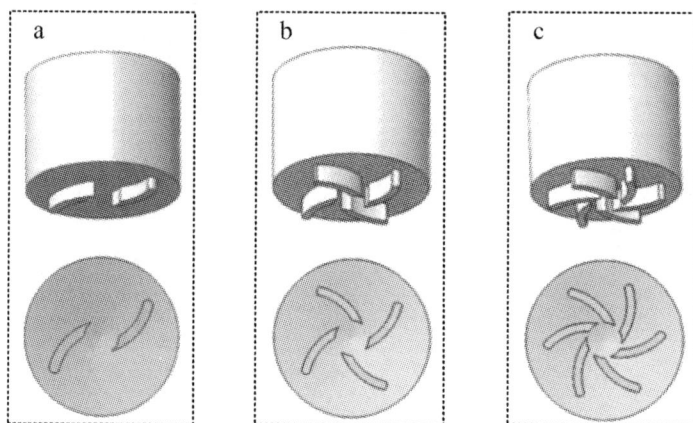

a. 双螺旋；b. 四螺旋；c. 六螺旋

图 2-35　外凸螺旋台搅拌针[16]

图 2-36 为 FSDB 接头横截面形貌，搭接界面处未形成钩状结构或冷搭接，接头主要依靠上、下试板间发生原子扩散并形成连接。相较于常规锥形搅拌针，外凸螺

旋台搅拌针下 SZ 底部的宽度更大，利于增大界面处扩散连接的面积。2024-T4 铝合金表面存在由纯铝构成的包铝层，其力学性能低于铝合金母材，因此会降低接头的扩散连接强度。双螺旋下接头扩散界面处存在明显的白色包铝层组织（图 2-36a）；使用四螺旋后，界面处包铝层厚度降低，说明包铝层组织已扩散进入周围铝合金母材中（图 2-36b）；在六螺旋下，包铝层组织充分扩散进周围铝合金母材中，其厚度进一步减小，且界面之上剧烈的材料流动会带动搭接界面发生迁移，导致 SZ 底部中心出现轻微下凸（图 2-36c）。

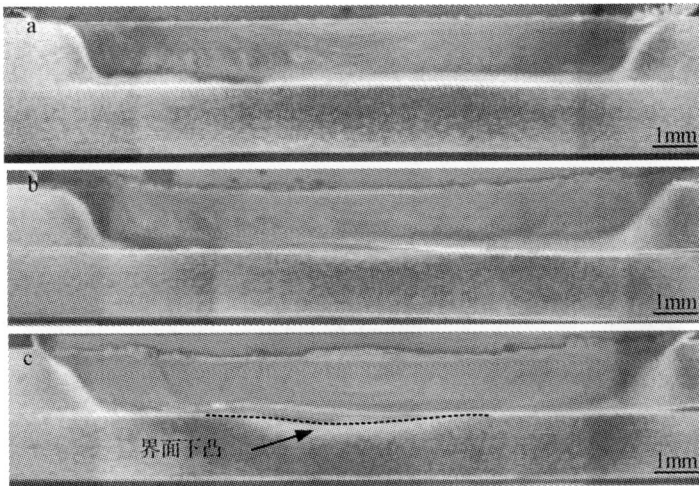

a. 双螺旋；b. 四螺旋；c. 六螺旋

图 2-36　不同螺旋个数下接头横截面形貌[16]

图 2-37 为 FSDB 过程中外凸螺旋台搅拌针对材料的驱动方式。与螺旋槽轴肩的无针搅拌头相似，塑化材料在螺旋台驱动下向 SZ 中心汇集，然后受轴肩顶锻力作用向下流动；材料到达搅拌针尖端后挤压附近的材料，对搭接界面产生向下的冲击并使搅拌针周围的材料沿针外围向上流动。常规锥形螺纹搅拌针的尖端直径较小，对材料的驱动能力较差，因此材料的最小流速位于搅拌针尖端附近，而最大流速位于 SZ 上部接近轴肩的区域。然而，数值模拟结果显示，外凸螺旋台搅拌针下材料的最大垂向流速位于搅拌针尖端附近，且搅拌针尖端材料的最大流速以及发生塑性流动的范围随着螺旋台个数的增多而增大；从材料垂向流动速度的角度，六螺旋台优于双/四螺旋台，进而造成图 2-36c 中搭接界面发生下凸变形。

对于 FSDB 工艺，上下板的结合依靠搭接界面处的原子扩散连接，其强度主要受扩散连接面积及原子扩散效果的双重影响。由图 2-36 可知，3 种搅拌针作用下的界面连接面积相差不大，因此在焊接过程中界面处的原子扩散效果是决定焊接接头质量的主导因素。在焊接过程中，焊接热输入主要包括摩擦热与塑性变形热两部分。由搅拌针的结构以及图 2-37 的模拟结果可知，随螺旋台数量的增加，摩擦面积增加且塑性变形更剧烈，可提升在焊接过程中的热输入（图 2-38a）。高的焊接热

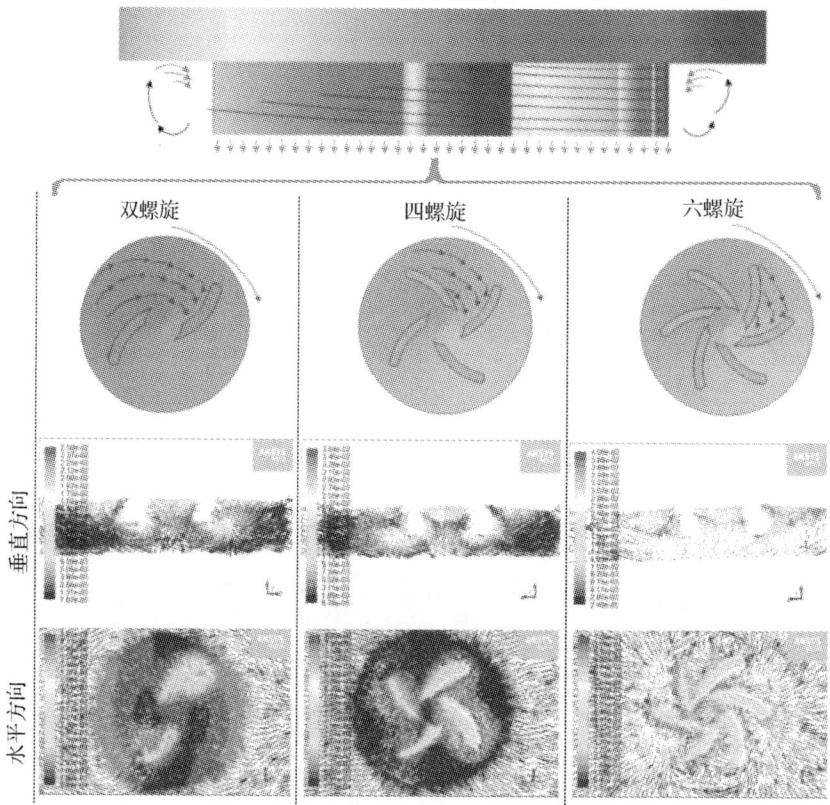

图 2-37　外凸螺旋台搅拌针下材料流动行为[16]

输入以及界面上方剧烈的材料流动均可增强原子扩散效果，利于增加焊接接头拉剪载荷（图 2-38b）。图 2-38c~e 为当转速为 600 r/min 时 3 种搅拌针下搭接接头的断裂位置。接头断裂模式由双螺旋台下的剪切断裂变为四或六螺旋台下的拉伸断裂，这验证了增加螺旋台数量利于改善界面处的扩散连接效果。

　　综上，针对 FSDB 工艺开发出的外凸螺旋台搅拌针，可以有效促进搭接界面区域的原子与扩散。螺旋台的个数是影响界面连接强度的重要因素，其设计需综合考虑针宽度、轴肩直径等多因素；在合理范围内增加螺旋台个数有助于改善焊接过程的热输入以界面上方的材料流动行为，利于增强搭接接头的承载能力。

2.4　本章小结

　　外形和尺寸的合理优化设计是获得高质量接头的基础。不同种类的搅拌头在使用过程中，SZ 内材料流动集聚形式和焊接热输入有其各自的特点。搅拌头轴肩的形貌尺寸是影响 SZ 上部材料流动的重要因素，合理的轴肩尺寸可在防止焊接热输入过高的同时促进 SZ 上部材料的充分流动；相较于平面轴肩、内凹轴肩和同心圆轴肩，螺旋槽轴肩在促进材料流动方面优势明显。螺旋槽轴肩的无针搅拌头可增大无

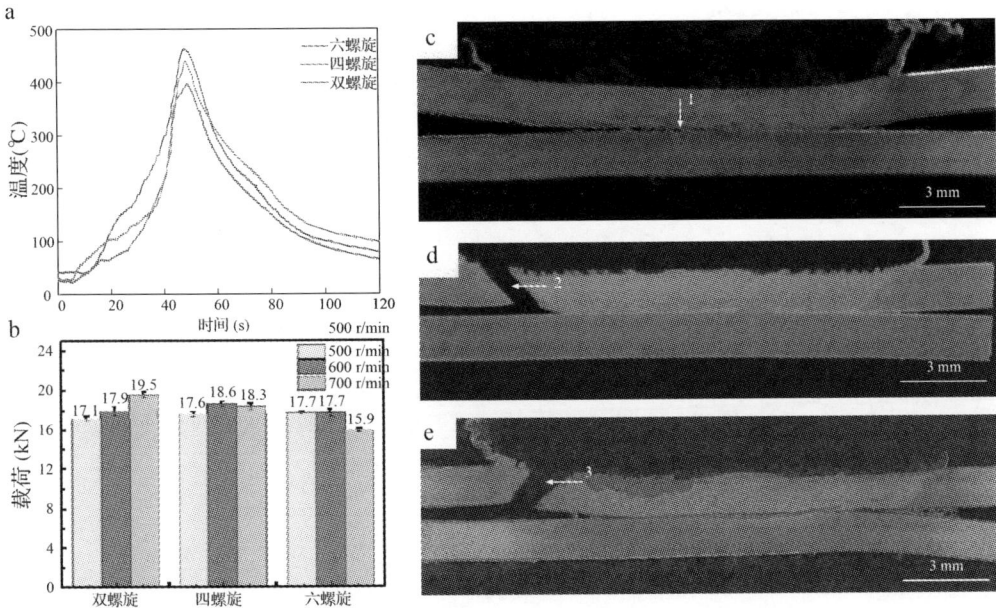

a. 测温曲线；b. 接头拉剪载荷；断裂位置；c. 双螺旋；d. 四螺旋；e. 六螺旋

图 2-38　不同螺旋台下焊接温度循环曲线、接头拉剪载荷和断裂位置[16]

针搅拌头的焊接深度，更好地发挥其在薄板焊接方面的独特优势。搅拌针的形貌尺寸主要影响接头的内部成型。优化搅拌针长度和螺纹分布形式可调整焊核内材料集聚区的形成位置，为减小搭接接头中钩状结构和冷搭接的弯曲程度、提升接头强度提供有效途径。外凸螺旋台搅拌针可促进搅拌针尖端区域的材料流动，为搅拌摩擦扩散焊工艺的高质量实施提供保障。因此，焊接时应根据焊接工况的不同，合理的设计及优化组成搅拌头的轴肩/搅拌针结构及尺寸，充分发挥搅拌头在焊接过程中的关键性作用，以最大限度地提升接头的连接质量。

参考文献

［1］Rai R, De A, Bhadeshia H K D H, et al. Review：friction stir welding tools ［J］. Science and Technology of Welding and Joining, 2011, 16（4）：325-342.

［2］Liu F, Hovanski Y, Miles M P, et al. A review of friction stir welding of steels：Tool, material flow, microstructure, and properties ［J］. Journal of Materials Science and Technology, 2018, 34（1）：39-57.

［3］贺永海, 张立武. 搅拌摩擦焊用搅拌头的研究进展 ［J］. 航天制造技术, 2005（5）：50-54.

［4］张利国, 孟庆国, 姬书得, 等. 轴肩结构对搅拌摩擦焊过程中材料流动的影响 ［J］. 材料科学与工艺, 2012, 20（3）：99-102.

［5］Zhang L, Ji S, Luan G, et al. Friction stir welding of al alloy thin plate by rotational tool without pin ［J］. Journal of Materials Science & Technology, 2011, 27（7）：647-652.

［6］Ji S, Meng X, Ma L, et al. Effect of groove distribution in shoulder on formation, macrostructures, and mechanical properties of pinless friction stir welding of 6061-O aluminum alloy [J]. International Journal of Advanced Manufacturing Technology, 2016, 87 (9-12): 3051-3058.

[7] Liu Z, Cui H, Ji S, et al. Improving joint features and mechanical properties of pinless fiction stir welding of alcald 2A12-t4 aluminum alloy [J]. Journal of Materials Science & Technology, 2016, (12): 164-169.

[8] Zhang Y, Cao X, Larose S, et al. Review of tools for friction stir welding and processing [J]. Canadian Metallurgical Quarterly, 2012, 51 (3): 250-261.

[9] Ji S, Shi Q, Zhang L, et al. Numerical simulation of material flow behavior of friction stir welding influenced by rotational tool geometry [J]. Computational Materials Science, 2012, 63: 218-226.

[10] Liu Z, Zhou Z, Ji S. Improving interface morphology and shear failure load of friction stir lap welding by changing material concentrated zone location [J]. International Journal of Advanced Manufacturing Technology, 2018, 95 (9-12): 4013-4022.

[11] Yue Y, Zhou Z, Ji S, et al. Improving joint features and tensile shear properties of friction stir lap welded joint by an optimized bottom-half-threaded pin tool [J]. International Journal of Advanced Manufacturing Technology, 2016, 90 (9-12): 1-7.

[12] Ji S, Li Z, Zhou Z, et al. Effect of thread and rotating speed on material flow behavior and mechanical properties of frictionstir lap welding joints [J]. Journal of Materials Engineering and Performance, 2017, 26 (10): 5085-5096.

[13] Yue Y, Li Z, Ji S, et al. Effect of reverse-threaded pin on mechanical properties of friction stir lap welded alclad 2024 aluminum alloy [J]. Journal of Materials Science & Technology, 2016, 32 (7): 671-675.

[14] Ji S, Wen Q, Li Z. A novel friction stir diffusion bonding process using convex-vortex pin tools [J]. Journal of Materials Science and Technology, 2020, 48: 23-30.

3　静止轴肩搅拌摩擦焊

　　常规 FSW 焊缝表面不可避免地存在弧纹和飞边缺陷，不仅降低美观程度，且易对焊接接头力学性能产生不利影响。此外，产热机制决定常规 FSW 过程沿板厚方向热输入分布不均，此现象对接头质量产生不利影响。为克服常规 FSW 技术的局限性，英国焊接研究所在常规技术的基础上开发出了静止轴肩搅拌摩擦焊（Stationary shoulder，SSFSW）。焊接工具（静止轴肩工具系统）由内部旋转搅拌头和外部静止轴肩组成（图 3-1a），图 3-1b 为其剖面尺寸图。在课题组研制的静止轴肩工具系统中，内部旋转搅拌头均含旋转动轴肩以保证焊接热输入。同时，静止轴肩与内部旋转搅拌头的间隙为工具系统设计的重要参数。间隙过小易加速旋转搅拌头磨损，减少其工作寿命；间隙过大易导致焊接过程中塑化材料挤入间隙，增大 SZ 内部产生孔洞等体积型缺陷的风险。

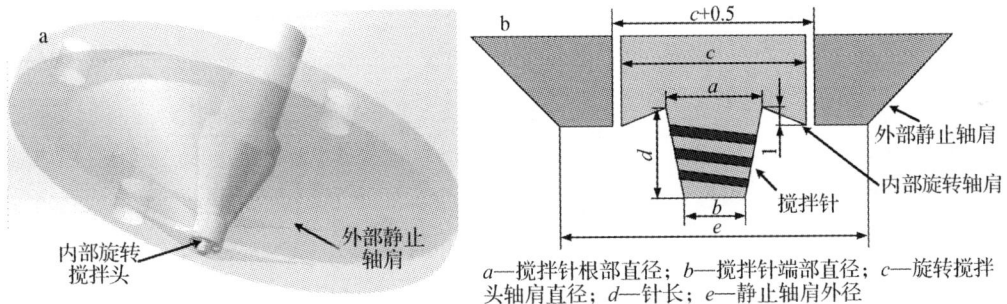

a—搅拌针根部直径；b—搅拌针端部直径；c—旋转搅拌头轴肩直径；d—针长；e—静止轴肩外径

a. 三维图；b. 剖面尺寸图

图 3-1　静止轴肩搅拌工具系统

　　焊接过程中，内部旋转搅拌头提供焊接热输入并驱动材料流动，静止轴肩不发生旋转，仅与内部旋转搅拌头在焊缝表面同步移动。研究结果表明，静止轴肩的加入可对 SZ 内材料流动产生积极影响，有利于降低焊接应力与变形。本章从静止轴肩吸热、增流和增压效用 3 个角度出发，探究其对改善焊接接头质量的作用机制。

3.1　吸热效用

　　SSFSW 过程中，静止轴肩仅随内部旋转搅拌头同步移动而不发生旋转，即不参与焊接工具的摩擦产热行为。与处于高温区的旋转搅拌头相比，静止轴肩相当于环形激冷源，可在前进过程中不断吸收旋转搅拌头产生的热量。焊接热输入是影响接头材料流动行为和显微组织演变的决定性因素；静止轴肩的吸热行为对 FSW 接头质量存在积极影响。

3.1.1 温度分布

使用图 3-2a 中静止轴肩工具系统和内部旋转搅拌头对 6005A-T6 铝合金试板分别进行 SSFSW 和常规 FSW 的试验研究，采用 K 型热电偶对距焊缝中心 11.5 mm 处的测温点进行温度采集（图 3-2b）。

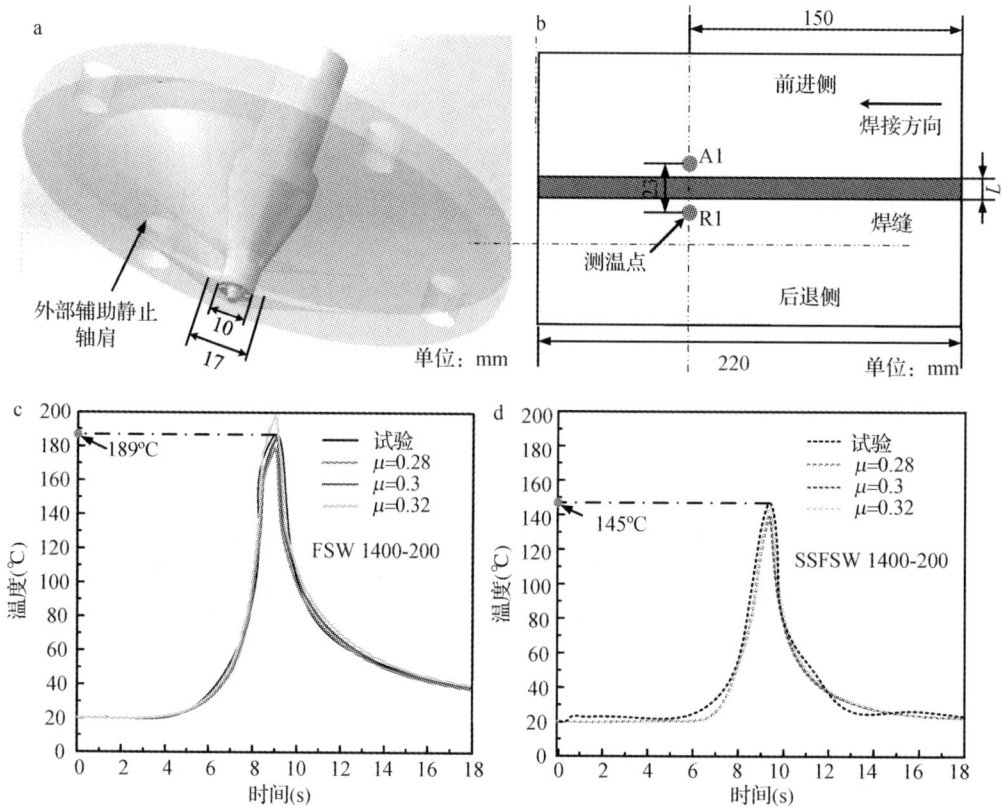

a. 静止轴肩系统；b. 试验过程；c. 常规 FSW；d. SSFSW 测温点温度循环曲线
图 3-2　常规 FSW 和 SSFSW 试验和测温结果[1]

图 3-2c 和 d 为常规 FSW 和 SSFSW 过程测温点实际温度循环曲线。焊接过程中测温点的温度在搅拌头靠近时迅速升高，并在搅拌头离开后急剧下降。相同焊接工艺参数下，SSFSW 测温点温度峰值相较于常规 FSW 降低约 44 ℃，表明静止轴肩在焊接过程中的吸热作用较为显著。然而，旋转搅拌头的强搅拌作用使基于热电偶的方法难以获得 FSW 过程中 SZ 内的温度及演变规律，且有限的测温点数量难以实现对焊接温度场进行全面、详尽的表征。因此，本课题组利用 ABAQUS 有限元软件建立了常规 FSW 和 SSFSW 过程的有限元模型，进而对 SZ 及附近区域的温度场进行数

值模拟。分析图3-2c与d可知：当热源模型摩擦系数 μ 选为0.3时，两种焊接工艺下测温点温度循环曲线的模拟结果与试验结果均吻合，表明有限元模型具有合理性和可行性，可较为准确地对焊接过程温度场进行表征。

图3-3为固定1 400 r/min 转速时，不同焊速下常规FSW和SSFSW模拟和试验接头横截面形貌。焊速为200 mm/min 时常规FSW温度峰值达到6005A-T6铝合金母材熔点（550 ℃）的81.8%；与之相比，SSFSW温度峰值同比下降10.4%。除温度峰值外，静止轴肩作用下高温区尺寸相比常规FSW明显减小。

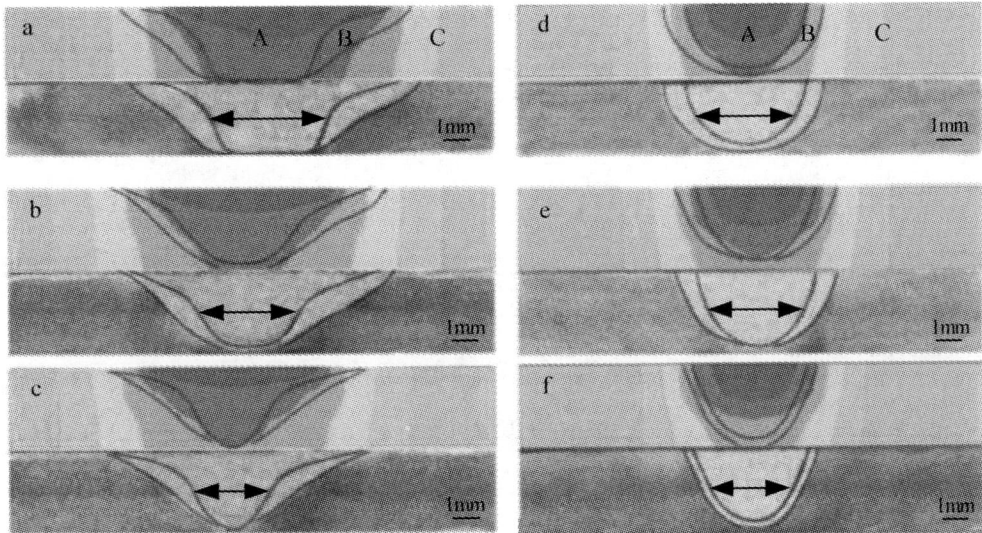

常规FSW：a. 200 mm/min；b. 400 mm/min；c. 600 mm/min；SSFSW：d. 200 mm/min；
e. 400 mm/min；f. 600 mm/min

图3-3 常规FSW和SSFSW沿板厚方向温度分布和接头成型[1]

固定搅拌头转速，增大焊速意味着单位长度上热输入减少，材料流动速率随之降低。因此，两种工艺接头的SZ尺寸均随焊速的增大而减小。常规FSW接头轴肩影响区（shoulder affected zone，SAZ）较大，且SZ呈明显的上宽下窄的"碗"形；与之相比，静止轴肩作用下接头SZ区（A）宽度较小且不存在明显的SAZ，其形貌与搅拌针形状相似；接头TMAZ（B）和热影响区HAZ（Heal affected zone，HAZ，C）（C）明显变窄。对于沉淀强化铝合金，焊接过程中SZ、TMAZ和HAZ均由于强化相的溶解和再析出而发生软化，进而影响接头力学性能。静止轴肩作用下接头的SZ、TMAZ和HAZ均明显变窄，因此静止轴肩工具系统的吸热效用有助于减小FSW接头软化区宽度。

3.1.2 力学性能

FSW过程中显微组织演变行为与热输入密切相关。常规FSW温度场分布特征导致接头显微组织存在不均匀性。静止轴肩吸热效用有望改善组织不均匀性，从而提高接头力学性能。

分别采用常规无针搅拌头和静止轴肩工具系统对 AZ31B 镁合金进行被动填充 FSW 焊修复试验，其中静止轴肩工具系统由外部静止轴肩与内部旋转无针搅拌头组成；图 3-4 为 SZ 的显微组织。两种焊接工艺下 SZ 均由等轴晶组成，但各区域晶粒尺寸存在明显差异。常规搅拌头作用下搅拌区上部的焊核中心平均晶粒尺寸约为 12.5 μm，且轴肩边缘处约为 14.2 μm（图 3-4a 与 b）。对于常规无针搅拌头，轴肩与待焊工件之间的摩擦产热在线速度最大的轴肩边缘处达到最高，SZ 上部 SZ 中心与轴肩边缘区域间的温度梯度致使在垂直于焊缝方向上显微组织存在不均匀性。在静止轴肩系统作用下，SZ 上部的 SZ 中心和轴肩边缘区域平均晶粒尺寸分别为 7.1 μm 和 8.3 μm（图 3-4d 与 e）。静止轴肩在焊接过程中吸收较多热量从而降低 SZ 的温度峰值，且 SZ 上部降低尤为显著。因此，与常规搅拌头相比，静止轴肩作用下 SZ 上部的晶粒尺寸显著减小，且在垂直于焊缝方向上显微组织尺寸差异变小。此外，由于热散失较小，常规搅拌针下 SZ 中部平均晶粒尺寸达到 15.1 μm，明显大于静止轴肩作用下的值（图 3-4c 与 f）。

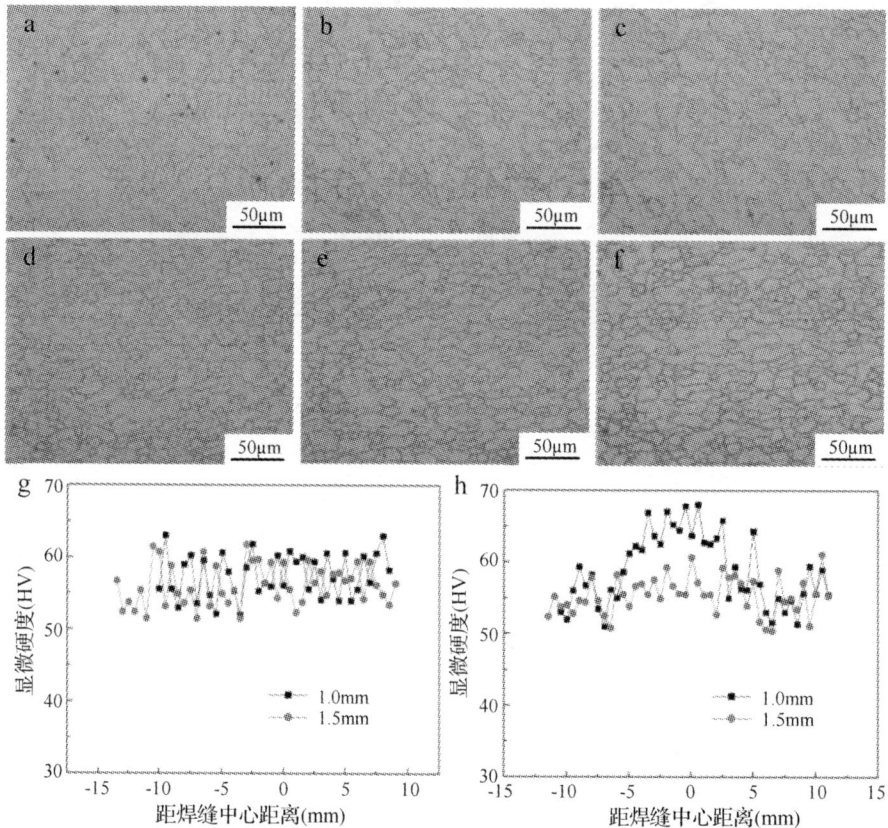

常规无针搅拌头：a. SZ 上部；b. 轴肩边缘；c. SZ 中部；静止轴肩；d. SZ 上部；e. 轴肩边缘；
f. SZ 中部；SZ 硬度；g. 常规无针搅拌头；h. 静止轴肩

图 3-4　常规无针搅拌头和静止轴肩 FSW 焊核显微组织和硬度[2]

图 3-4g 和 h 分别为常规无针搅拌头和静止轴肩工具系统下 SZ 的显微硬度分布，两条硬度测量线分别距 SZ 上表面 1.0 mm 和 1.5 mm。采用常规搅拌头时显微硬度分布相对均匀，SZ 显著变化的晶粒尺寸对硬度无明显影响。AZ31B 镁合金母材显微硬度值为 51.5~56.5 HV，常规搅拌头下 SZ 平均硬度值为 54.1 HV，等同于母材。静止轴肩工具系统作用下 SZ 上部硬度值明显升高，约为 63.6 HV；中部硬度仍呈现与常规搅拌头下 SZ 相似的分布规律（图 3-4h）。

根据 Hall-Petch 公式可知，材料硬度随晶粒尺寸的减小而升高[3]。但对于镁合金而言，硬度对晶粒尺寸变化的敏感程度取决于晶粒尺寸范围。Chang 等人[4] 研究表明，当晶粒尺寸大于 10 μm 时，AZ31 镁合金硬度对晶粒尺寸变化不敏感，且 Hall-Petch 公式仅在晶粒尺寸小于 8 μm 时适用。静止轴肩的吸热效用显著减小 SZ 上部的晶粒尺寸，且中心区域的晶粒尺寸小于 10 μm，因此 SZ 上部显微硬度显著提升。

图 3-5 为不同焊速下 6005A-T6 铝合金 SSFSW 接头显微硬度分布和拉伸性能。SSFSW 接头各硬度测试点位于沿板厚方向的中心位置。不同焊速下接头显微硬度均关于焊缝中心呈对称分布；SZ、TMAZ 和 HAZ 硬度值均小于母材，且硬度最小值出现在 HAZ。搅拌头转速一定时，SSFSW 温度峰值随焊速的增大而逐渐减小。因此，随着焊速的增大，接头软化程度减小且软化区变窄（图 3-5a）。图 3-5b 为不同焊速下接头的拉伸性能，结果表明 SSFSW 接头拉伸强度和延伸率均随焊速的增大呈现先增大后减小的变化趋势。尽管 SSFSW 接头在 600 mm/min 下软化程度和软化区宽度最小，但接头拉伸强度和延伸率均在焊速为 400 mm/min 时达到最大。这可能是由于大焊速下接头热输入过低，加之静止轴肩的吸热效用，使材料流动性较差，导致接头存在弱连接等内部缺陷。因此，焊接温度峰值过高或过低都不利于 SSFSW 接头的拉伸性能。

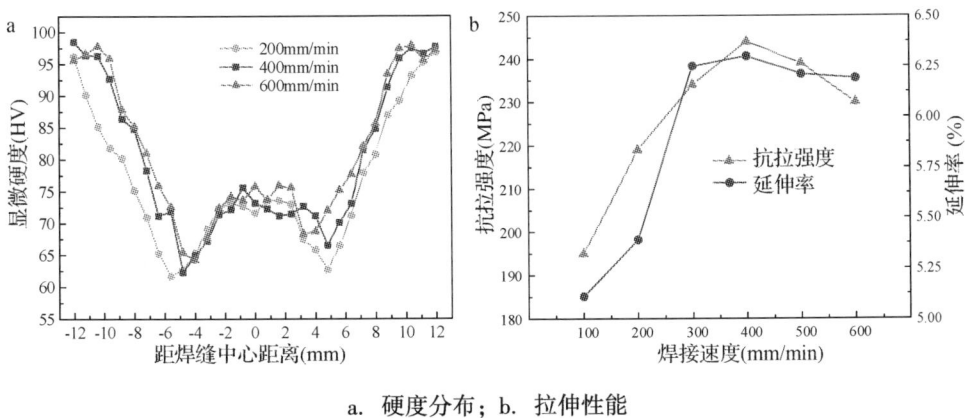

a. 硬度分布；b. 拉伸性能

图 3-5 SSFSW 接头的力学性能[5]

综上，静止轴肩工具系统不仅可降低焊接温度峰值，还可减小焊接过程高温区的宽度。这对于热处理强化铝合金来说可减小接头软化程度与软化区宽度，利于提高接头力学性能。静止轴肩的吸热效用可改善 SZ 内部的显微组织演变行为，更易获得组织分布均匀的 SZ，而提升焊接质量。然而，静止轴肩的吸热效用应与焊接工艺参数优选相结合，以获得更高质量的接头；在较低焊接热输入下采用静止轴肩可能会导致接头质量的下降。

3.2 增流效用

FSW 过程中材料塑性流动行为直接决定接头成型。充分的材料流动是获得内部无缺陷接头的必要条件，然而流动应力较小的塑化材料在搅拌头强搅拌作用下易溢出 SZ 而影响焊接表面与内部成型。静止轴肩工具系统的增流效用有望实现二者平衡，从而获得内部无缺陷且表面优良的高质量接头。

3.2.1 材料流动

使用图 3-6a 中静止轴肩工具系统对含有 0.1 mm 厚包铝层的 2024-T4 铝合金进行 FSLW 研究。常规焊缝表面具有严重弧纹且轴肩边缘存在大尺寸飞边（图 3-6b）；与之相比，静止轴肩搅拌摩擦搭接焊（Stational shoulder FSLW，SSFSLW）焊缝表面光滑且无明显下凹（图 3-6c）。常规 FSLW 焊缝的表面粗糙度远大于 SSFSLW 焊缝（图 3-6d 和 e），因此常规 FSLW 焊缝更易发生疲劳失效。

图 3-6f 为不同转速下常规 FSLW 和 SSFSLW 接头质量特征。根据焊缝表面飞边尺寸大小和弧纹严重程度定义表面粗糙度等级；焊缝表面越平滑表面粗糙度越小。接头内部孔洞越小，内部缺陷特征等级越低，0 级表示接头内部无缺陷。SSFSLW 焊缝表面粗糙度明显小于常规 FSLW；静止轴肩作用下，3 种转速接头内部缺陷均为 0 级，常规 FSLW 接头仅在 1 200 r/min 转速下内部无缺陷；相比于常规 FSLW，静止轴肩驱使更多材料向下流动并在搅拌针尖端释放，对搭接界面产生较大推力，使得 SSFSLW 接头 EST 较小；尽管冷搭接较高，但静止轴肩所提供的额外顶锻力可增强冷搭接尖端连接强度，SSFSLW 接头相比于常规 FSLW 接头具有更大的 ELW。接头拉剪载荷在静止轴肩作用下得到显著提升，且当转速为 1 000 r/min 时获得最大值。

图 3-7c 和 d 为常规 FSLW 和 SSFSLW 接头典型内部成型。在较低热输入（800 r/min-50 mm/min）下，常规 FSLW 接头 SZ 较小且在前进侧存在大尺寸孔洞缺陷；与常规 FSLW 相比，SSFSLW 接头 SZ 尺寸明显增大且成型良好无缺陷。常规 FSLW 过程中，焊缝金属由于热输入而发生塑化，并被高速旋转的轴肩和搅拌针驱动产生流动；一部分塑化材料在离心力和搅拌头顶锻力的双重作用下被挤出焊缝并形成大尺寸飞边（图 3-7a）。静止轴肩可以有效地抑制塑化材料沿旋转的轴肩两侧溢出，起到"密封"的作用[7]；根据最小阻力原则，在静止轴肩处受阻的材料将重新流入 SZ，在减少材料损失的同时改善 SZ 材料流动行为（图 3-7b）。SSFSLW 过程中内部

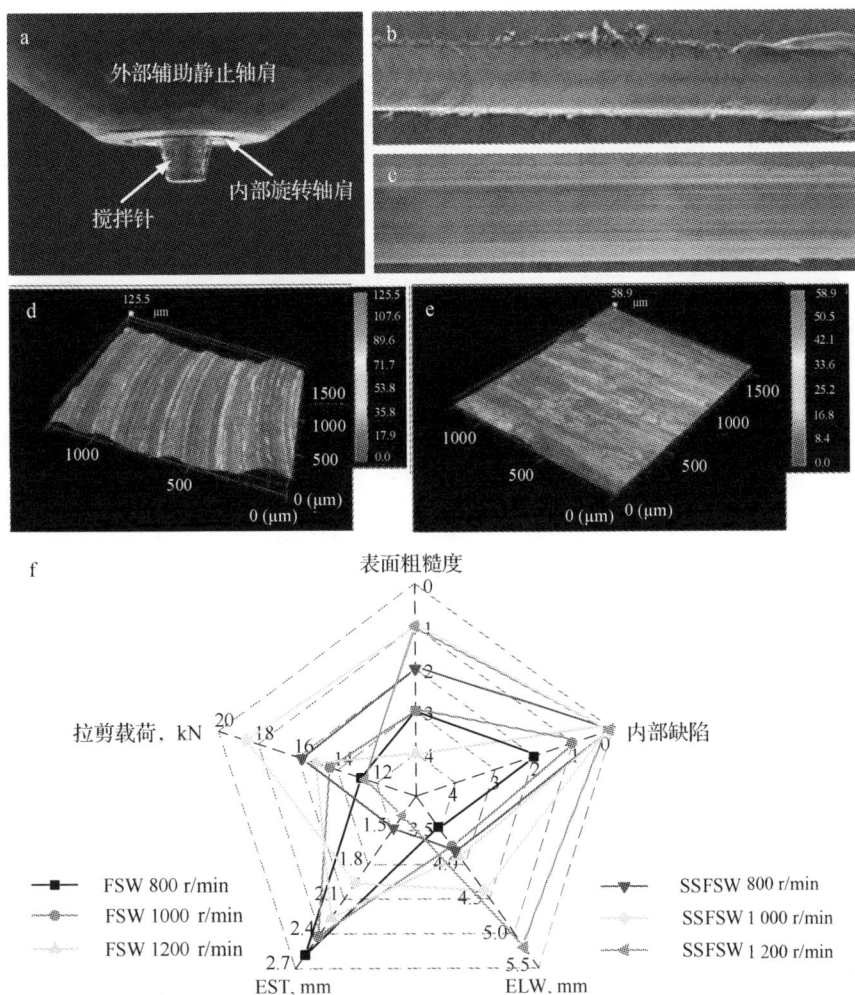

a. 工具系统实物；焊缝表面成型；b. 常规 FSLW；c. SSFSLW；焊缝表面 3D 视图；d. 常规 FS-
LW；e. SSFSLW；f. 常规 FSLW 与 SSFSLW 接头质量特征对比

图 3-6　静止轴肩改善接头质量[6]

旋转搅拌头也使焊缝表面产生弧纹，但随后被同步移动的静止轴肩"抹"去，形成
表面光滑的焊缝。

综上，静止轴肩的增流效用使 SZ 内几乎无材料溢出，可获得与常规 FSW 相比
更小的焊缝减薄量，且光滑无弧纹的焊缝表面有助于改善 FSW 焊缝疲劳性能；增流
效用可消除内部孔洞缺陷，增大接头有效承载面积，对接头力学性能产生积极
影响。

3.2.2　效用提升

静止轴肩工具系统的焊接效果与旋转搅拌头及静止轴肩的形貌尺寸关系紧密。
旋转搅拌头决定焊接热输入和材料流动形式；静止轴肩形貌尺寸影响增流效用对焊

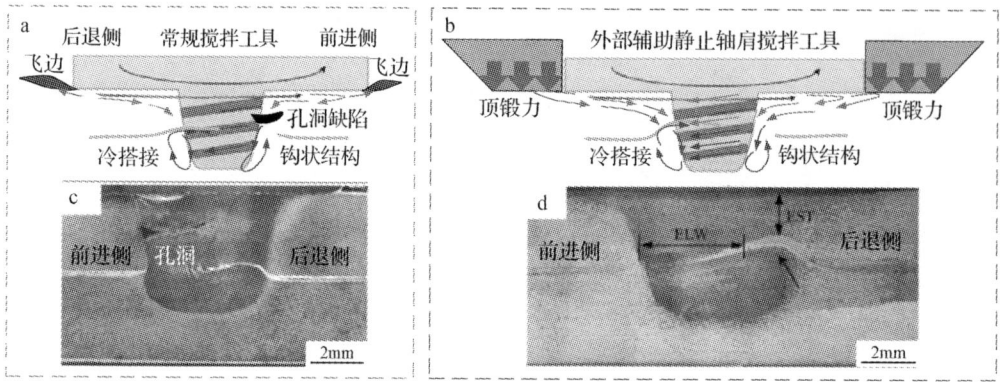

材料流动：a. 常规 FSLW；b. SSFSLW；接头成型；c. 常规 FSLW；d. SSFSLW

图 3-7 焊缝材料流动和接头成型[6]

接接头质量的作用程度[8]。为更好地发挥静止轴肩的优势，提高其适用范围，本节针对不同尺寸静止轴肩的作用效果进行介绍。使用常规搅拌头（图 3-8a）、17 mm 和 21 mm 外径静止轴肩系统（图 3-8b 和 c）分别对 3 mm 厚 2024-T4 铝合金试板进行焊接。由于增流效用，2 种尺寸的静止轴肩均可完全消除常规 FSW 焊缝表面存在的大尺寸飞边，使表面光滑的焊缝无明显下凹。

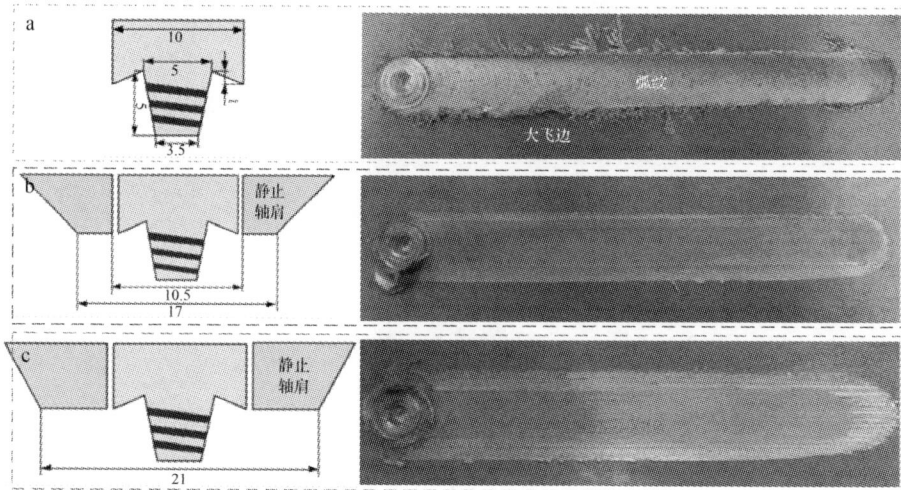

a. 常规旋转搅拌头；静止轴肩系统；b. 17 mm 外径；c. 21 mm 外径

图 3-8 搅拌工具系统和焊缝表面成型[9]

表 3-1　接头横截面形貌[9]

焊速（mm/min）	常规 FSLW	17 mm SSFSLW	21 mm SSFSLW
200	大孔洞　2mm	SZ 小孔洞　2mm	微小孔洞　2mm
150	大孔洞　2mm	2mm	2mm
100	大孔洞　2mm	ELW　EST　2mm	2mm
50	小孔洞　2mm	2mm	2mm

　　表 3-1 为 3 种搅拌工具作用下接头横截面形貌。4 组焊接工艺参数下常规 FSLW 接头中均出现孔洞缺陷；固定搅拌头转速，SZ 材料流动性随焊速的降低而提高，接头中缺陷尺寸也逐渐减小。当使用 17 mm 外径静止轴肩系统时，仅在高焊速（200 mm/min）下接头内部出现孔洞缺陷，其余焊速下均获得内部成型良好的接头。使用 21 mm 工具系统时，接头内部成型规律与 17 mm 工具系统作用下类似；尽管亦在 200 mm/min 焊速下出现孔洞缺陷，但其尺寸大幅度减小。分析认为，增大静止轴肩外径可不同程度地增加流向 SZ 的材料，以提高 SZ 内材料流动性、提升增流效用，进而改善接头成型。

　　图 3-9 为不同焊接工艺参数下使用 3 种搅拌工具所得接头的 ELW、EST 和拉剪性能。SSFSLW 接头 ELW 随焊速的降低逐渐增大，EST 则呈现与之相反的变化规律。与 17 mm 静止轴肩相比，使用 21 mm 静止轴肩获得的接头 ELW 更大且 EST 更小，表明在大外径静止轴肩作用下，SZ 内材料在垂直和水平方向上的流动更为剧烈。图 3-9b 为常规 FSLW 和 SSFSLW 接头的拉剪性能。与常规搅拌工具相比，静止轴肩工具系统的增流效用可显著提升接头的拉剪性能；增大静止轴肩外径有利于强化增流效用，提升接头拉剪载荷。

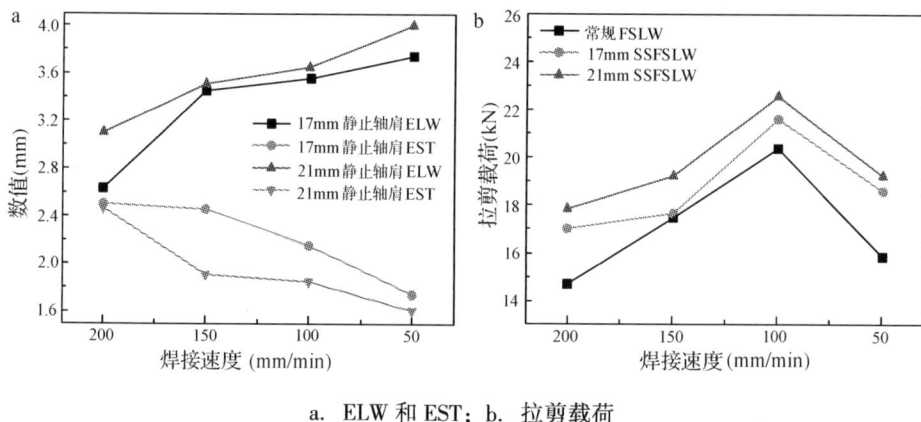

a. ELW 和 EST；b. 拉剪载荷

图 3-9 不同搅拌工具作用下接头成型特征和拉剪性能[9]

综上，静止轴肩的增流效用可显著影响焊接过程中 SZ 内材料流动行为，从而改善接头内部成型；增大静止轴肩外径可进一步强化增流效用，并拓宽焊接工艺窗口。需要注意的是，静止轴肩外径增大后，SZ 内材料流动性能的提高可增大搭接接头 ELW，有助于接头界面抗剪切性能的提升；剧烈的材料垂向流动行为使得接头 EST 降低，造成上板承载面积减小，不利于拉剪性能的提升。因此，合理地增大静止轴肩外径尺寸，既能更好发挥其增流效用，又防止接头因 EST 值过低导致拉剪性能下降。

3.3 增压效用

除吸热和增流效用外，外部静止轴肩随内部旋转搅拌头同步移动时，还可提供额外的垂向压力，顶锻作用和随焊碾压作用分别影响接头成型和焊接应力/变形。

3.3.1 界面结构

对于静止轴肩工具系统，内部旋转搅拌头的轴肩过大不仅易产生较高的热输入，又使静止轴肩远离 SZ，导致其吸热和增压效用的降低。为更直观地体现静止轴肩增压效用对接头成型的影响，对外径相同的常规搅拌头和静止轴肩工具系统作用下的 2024-T4 铝合金 FSLW 接头进行研究（图 3-10）。

研究所用静止轴肩工具系统的内部旋转搅拌头轴肩较小，且静止轴肩外径尺寸与常规搅拌头旋转轴肩相当（图 3-10c 和 d）。图 3-10a 和 b 为 1 300 r/min-50 mm/min 焊接工艺参数下使用两种搅拌工具获得的接头横截面形貌。旋转轴肩与搅拌针共同作用下的材料向下流动十分剧烈，在搅拌针尖端释放后所产生的推挤作用使界面处形成大尺寸的钩状结构和冷搭接[11]。与常规 FSLW 接头不同，使用图 3-10d 中静止轴肩工具系统所获得的接头几乎不存在轴肩作用区，且 TMAZ 与 HAZ 尺寸较小（图

3-10a 和 c)。更重要地，接头前进侧的钩状结构基本消失，且后退侧的冷搭接几乎平直地延伸进入 SZ，接头 EST 与上板厚度相当（图 3-10b）。SSFSLW 过程中，接头中的材料流动主要依靠搅拌针驱动，针尖端释放的塑化材料相对较少，对搭接界面产生的推力较小，利于获得弯曲程度较小的钩状结构与冷搭接。与此同时，静止轴肩距焊缝较近，其直接作用于搭接界面的增压效用可进一步抑制钩状结构和冷搭接的向上弯曲（图 3-10d）。

图 3-10e 和 f 分别为不同转速下两种接头钩状结构和冷搭接的轮廓图。随着转速的升高，SZ 内材料塑化程度增大且流动更为剧烈，搅拌针尖端释放的材料对搭接界面的挤压力升高，因此两种工艺接头钩状结构和冷搭接弯曲程度均逐渐上升。值得注意的是，SSFSLW 接头变化程度相对较小，与常规 FSLW 相比始终具有较大的 ELW 和 EST。这一结果可侧面印证静止轴肩增压效用对于钩状结构和冷搭接弯曲程度具有抑制作用，从而显著改善搭接接头的界面成型。

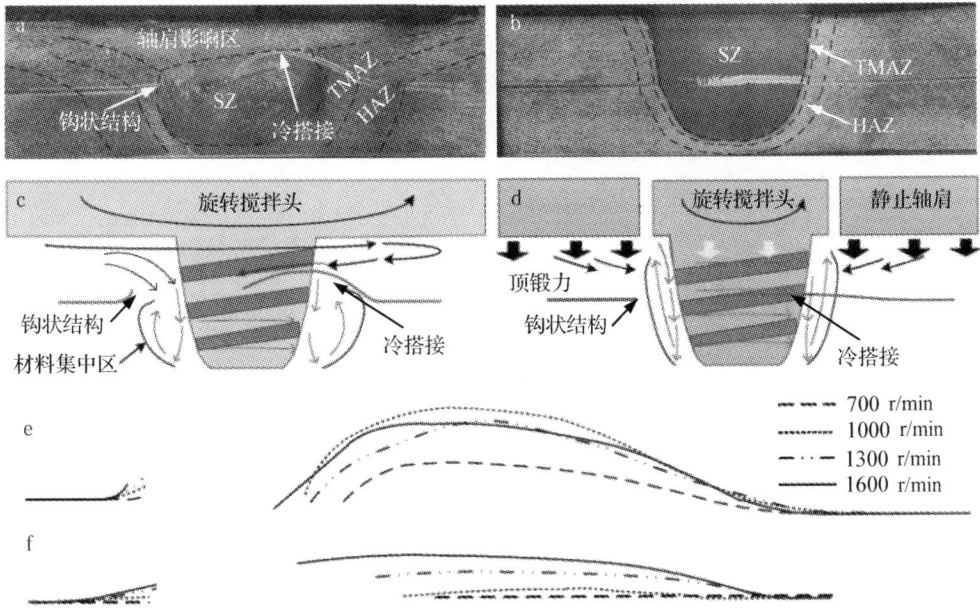

横截面：a. 常规 FSLW；b. SSFSLW；材料流动；c. 常规 FSLW；d. SSFSLW；钩状结构和冷搭接形貌；e. 常规 FSLW；f. SSFSLW

图 3-10　增压效用对搭接接头成型的影响[1]

静止轴肩的增压效用除了可以改善搭接接头界面成型外，还可增强界面连接强度。图 3-7 结果表明，与常规 FSLW 相比，SSFSLW 接头具有更大的 ELW，这是由于其冷搭接中的裂纹延伸进入 SZ 的距离较短（图 3-11a）。自后退侧冷搭接延伸进入 SZ 的包铝层具有较差的力学性能，是焊接接头性能的薄弱区域[5]，而延伸进入 SZ 的裂纹则进一步劣化搭接界面的承载能力。尽管不同焊接工艺参数下 SSFSLW 接头 EST 较小（图 3-11d），但接头 ELW 均高于常规 FSLW 接头且在 1 000 r/min 和

1 200 r/min 下尤为显著（图 3-11e）。这主要是由于静止轴肩的增压效用可促进界面材料原子扩散，进而减小冷搭接中裂纹的延伸距离（图 3-11b 和 c）。当转速自 800 r/min 增大至 1 200 r/min 时，SSFSLW 接头 ELW 增大近 38%，而常规 FSLW 接头仅增大 27%。这一结果可直接证明静止轴肩的增压效用有助于增强冷搭接的扩散连接效果，从而提升搭接接头界面的连接强度。

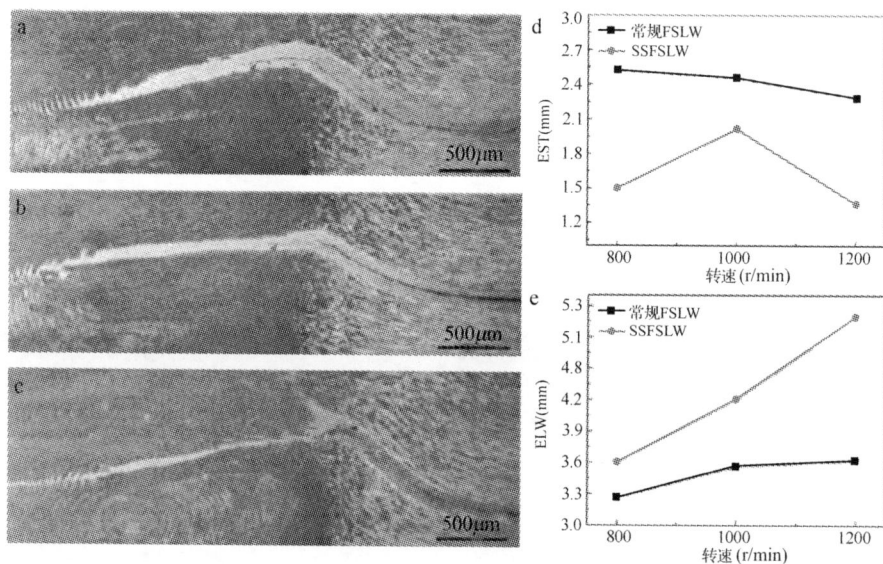

SSFSLW 接头界面：a. 800 r/min；b. 1 000 r/min；c. 1 200 r/min；d. EST；e. ELW

图 3-11　增压效用对接头界面连接强度的影响[6]

3.3.2　应力与变形

鉴于焊接接头横向应力高的差异性和复杂性[12]，本节仅针对 FSW 过程中的纵向应力进行系统研究。FSW 过程中纵向（残余）应力与焊接温度峰值密切相关。图 3-12a 和 b 为常规搅拌头和静止轴肩工具系统作用下 2024-T4 铝合金 FSW 过程焊件上表面纵向应力云图。焊接过程中旋转搅拌头前方的材料受热膨胀，但其膨胀行为受周围低温材料的抑制，因而搅拌头前方呈现为压缩应力（A 和 A′区）；由于高温下材料的弹性模量非常小，两种焊接工艺下旋转轴肩正下方材料（B 和 B′区）的焊接应力在大应变条件下很小，数值均低于 10 MPa；在冷却阶段，焊缝材料的收缩行为受到两侧材料的牵制，因此远离焊接热源的 C 和 C′区表现为较大的拉伸应力。

由 3.1 节研究可知，常规 FSW 和 SSFSW 过程中温度峰值和温度场分布存在较大差异。静止轴肩吸热效用可降低焊接温度峰值，搅拌头前方材料的热膨胀与常规 FSW 相比较小，因此 A′区尺寸较小且压缩应力峰值小于常规 FSW。除降低焊接温度峰值外，静止轴肩对焊缝提供额外顶锻力并产生"随焊碾压"效用，可在冷却阶段提供额外的拉伸应变抵消一部分焊缝收缩所导致的压缩应变，从而降低焊缝及其邻近区域纵向残余应力。因此，与 C 区相比（图 3-12a），C′区尺寸和拉伸应力峰值明显减小（图 3-12b）。

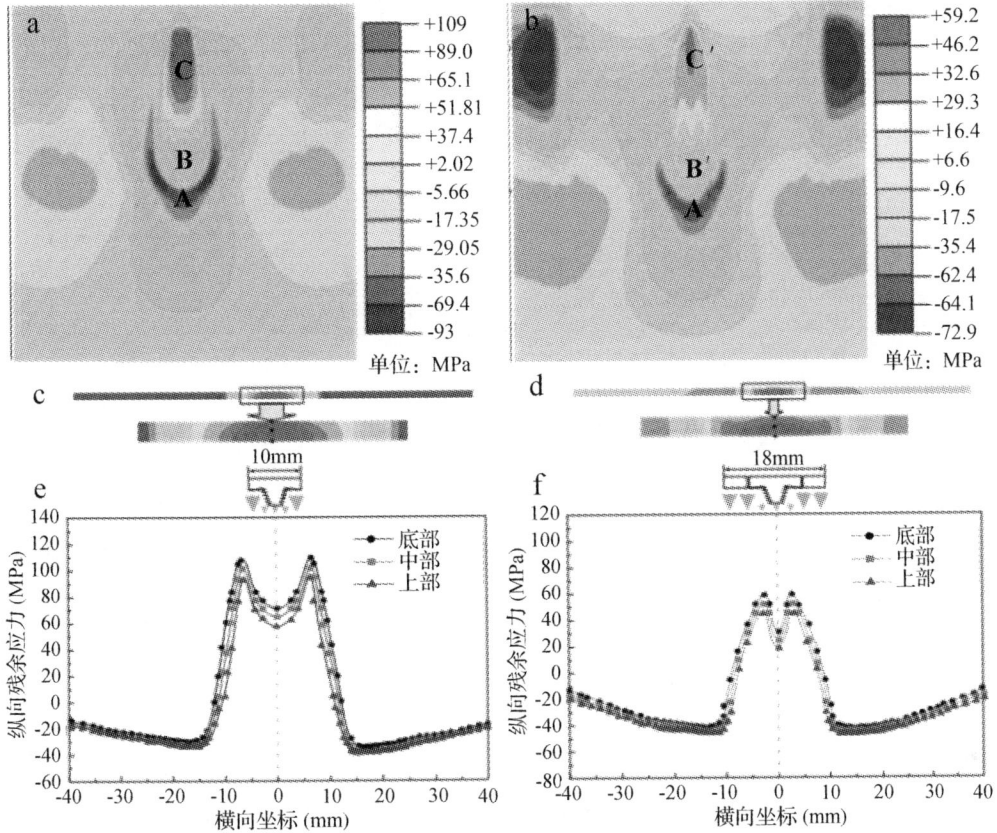

应力场分布：a. 常规 FSW；b. SSFSW；沿板厚方向纵向残余应力分布；c. 常规 FSW；d. SSFSW；垂直焊缝方向纵向残余应力分布；e. 常规 FSW；f. SSFSW

图 3-12　常规 FSW 和 SSFSW 焊接过程应力场模拟[13]

常规 FSW 和 SSFSW 接头沿板厚方向纵向残余应力分布存在较大差异（图 3-12c 和 d）。对于常规 FSW，上表面拉伸纵向残余应力区宽度与旋转轴肩影响区相当，且沿板厚方向宽度逐渐增大。研究结果表明[14]，焊后的随焊碾压利于降低焊缝残余拉应力。FSW 过程中的旋转轴肩因微扎入焊板亦可起到"随焊碾压"效果，且效果会随到试板上表面距离的增加而减小。因此，尽管常规 FSW 下试板上表面的温度较高且高温区较宽，但上表面的残余拉应力区较窄且值较小。相应地，外部静止轴肩会提供吸热及增压效用，使焊缝沿板厚方向上的高拉应力区变小且试板上表面的残余拉应力明显降低。在垂直焊缝方向上常规 FSW 和 SSFSW 接头纵向残余应力曲线均呈现"M"形，且残余拉应力峰值均位于 SZ 与 TMAZ 的过渡区（图 3-12e 和 f）。这主要是由此过渡区温度梯度和轴肩剪切力均较大所致。

试板在焊接过程中由于较高的热输入产生弹性和塑性形变；在焊接过程中，由于受到夹具和工装约束，产生热应力的焊板无变形；在降到室温后撤去工装，焊件产生变形（图 3-13a）。图 3-13b～d 为不同转速下常规 FSW 与 SSFSW 接头的变形对比。在焊接过程中，增加转速会使焊接热输入增加，导致焊后残余变形量的增加。当转速从 800 r/min 上升到 1200 r/min 时，常规 FSW 接头的残余变形最大值由 3.5 mm 增加到 4.7 mm，而 SSFSW 接头的最大值从 1.4 mm 增加到 2.5 mm。同时，与常规 FSW 相比，静止轴肩作用下焊件变形量明显减小，这与静止轴肩的吸热与增压效用密切相关。

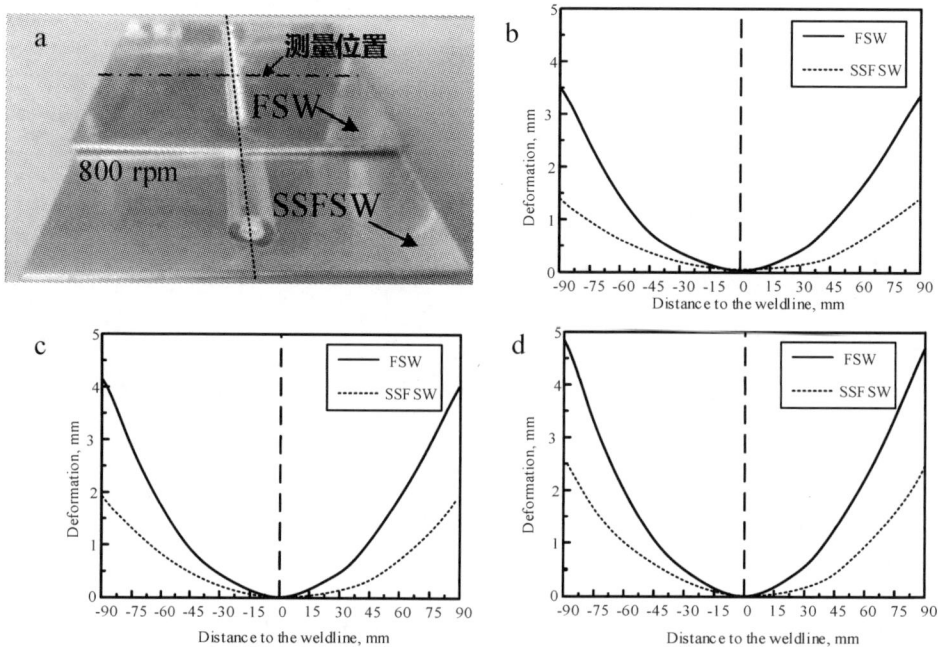

a. 变形量；变形对比；b. 800 r/min；c. 1 000 r/min；d. 1 200 r/min

图 3-13　常规 FSW 和 SSFSW 试件焊后变形[13]

综上，静止轴肩在吸热效用的基础上，对焊件施加额外的垂向顶锻力，有效改善搭接接头界面成型并提高界面扩散连接强度，其效果在内部旋转轴肩较小时更为显著；静止轴肩增压效用所产生的随焊碾压行为使焊接纵向残余应力与残余变形得到有效控制。

3.4　本章小结

本章对静止轴肩工具系统作用效果进行系统研究。吸热效用可以降低焊接温度峰值并减小高温区宽度，改善显微组织形貌，减小热处理强化合金接头的软化程度和软化区宽度；增流效用可以显著增强 SZ 内材料流动行为，改善接头表面和内部成型；增压效用对焊件施加额外垂向顶锻力和随焊碾压行为，有效改善搭接接头界面扩散连接强度，降低残余应力/变形。SSFSW 技术能够显著提升接头质量，拓宽焊接工艺窗口。拥有更为广阔的市场应用前景，可推动制造业高质量发展。

参考文献

［1］ He W, Liu J, Hu W, et al. Controlling residual stress and distortion of friction stir welding joint by external stationary shoulder ［J］. High Temperature Materials and Processes, 2019, 38: 662-671.

［2］ Niu S, Wu B, Ma L, et al. Passive filling friction stir repairing AZ31-B magnesium alloy by external stationary shoulder ［J］. International Journal of Advanced Manufacturing Technology, 2018, 97 (5-8): 2461-2468.

［3］ Wang X, Wang K. Microstructure and properties of friction stir butt-welded AZ31 magnesium alloy ［J］. Materials Science and Engineering: A, 2006, 431 (1-2): 114-117.

［4］ Chang C, Lee C, Huang J. Relationship between grain size and Zener-Holloman parameter during friction stir processing in AZ31 Mg alloys ［J］. Scripta Materialia, 2004, 51 (6): 509-514.

［5］ Ji S, Meng X, Liu J, et al. Formation and mechanical properties of stationary shoulder friction stir welded 6005A-T6 aluminum alloy ［J］. Materials & Design, 2014, 62: 113-117.

［6］ Li Z, Yue Y, Ji S, et al. Joint features and mechanical properties of friction stir lap welded alclad 2024 aluminum alloy assisted by external stationary shoulder ［J］. Materials & Design, 2016, 90: 238-247.

［7］ Ji S, Meng X, Li Z, et al. Experimental study of stationary shoulder friction stir welded 7N01-T4 aluminum alloy ［J］. Journal of Materials Engineering and Performance, 2016, 25 (3): 1228-1236.

［8］ Ji S, Li Z, Zhang L, et al. Effect of lap configuration on magnesium to aluminum friction stir lap welding assisted by external stationary shoulder ［J］. Materials & Design, 2016, 103: 160-170.

［9］ Yue Y, Zhou Z, Ji S, et al. Effect of welding speed on joint feature and mechanical properties of friction stir lap welding assisted by external stationary shoulders ［J］. International Journal of Advanced Manufacturing Technology, 2017, 89 (5-8): 1691-1698.

［10］ Ji S, Li Z, Zhou Z, et al. Microstructure and mechanical property differences between friction stir lap welded joints using rotating and stationary shoulders ［J］. International Journal of Advanced Manufacturing Technology, 2017, 90 (9-12): 3045-3053.

［11］ Song Y, Yang X, Cui L, et al. Defect features and mechanical properties of friction stir lap welded dissimilar AA2024-AA7075 aluminum alloy sheets ［J］. Materials & Design, 2014, 55: 9-18.

［12］ Lombard H, Hattingh D G, Steuwer A, et al. Effect of process parameters on the residual stresses in AA5083-H321 friction stir welds ［J］. Materials Science & Engineering: A, 2009, 501 (1-2): 119-124.

［13］ He W, Li M, Song Q, et al. Efficacy of external stationary shoulder for controlling residual stress and distortion in friction stir welding ［J］. Transactions of the Indian Institute of Metals, 2019, 72: 1349-1359.

［14］ Cozzolino L D, Coules H E, Colegrove P A, et al. Investigation of post-weld rolling methods to reduce residual stress and distortion ［J］. Journal of Materials Processing Technology, 2017, 247: 243-256.

4 复合能场搅拌摩擦焊

FSW 避免了传统熔化焊接过程中存在的诸多问题，目前已广泛应用于铝合金、镁合金等航空金属材料的连接。但 FSW 技术亦有因本身特点导致的一些固有模式。例如需足够的热输入以保证 SZ 内材料具有充分的流动性，避免孔洞、沟槽等缺陷的产生，但较大的热输入会增大焊接残余变形量、焊缝表面飞边尺寸和金属材料软化区/软化程度等，不利于提高焊接质量；增加搅拌头的转速或下扎深度（顶锻力）可提高焊接过程中的热输入，但其上限往往受焊接设备本身技术参数的限制。因此，在焊接过程中，采用合理的辅助工艺在保证 SZ 内材料流动行为的前提下降低焊接热输入是目前国内外学者的研究热点。此外，为解决沿板厚显微组织不均匀、薄板焊接残余变形大和焊接过程搅拌头前进阻力大等问题，国内外学者在焊前、焊中和焊后亦采用了辅助工艺以提升焊接质量。本章主要阐述课题组近年来在超声辅助、加热辅助和控冷辅助等方面的研究结果。

4.1 分类和简介

复合能场 FSW 技术利用热能、机械能等辅助能量可达到降低焊接载荷、减缓搅拌头磨损、提高焊接接头质量的目的，甚至能够实现常规 FSW 难焊材料的有效连接。根据加载时间，复合能场 FSW 技术可分为焊前、焊中和焊后复合能场 FSW。

（1）焊前复合能场 FSW

焊前复合能场是指在焊前预施加复合能场，如焊前预热等。对于熔化焊来说，将待焊工件的局部或整体在焊前进行适当加热，可防止冷裂纹、热裂纹、热力收缩裂纹以及 HAZ 出现淬硬组织等[3]。对于 FSW 工艺，焊前预热可促进 FSW 初始阶段材料塑化，减轻搅拌头磨损，并保证焊缝初始阶段的有效连接。

（2）焊中复合能场 FSW

目前常用的焊中复合能场主要包括超声、辅热和控冷等。超声辅助搅拌摩擦焊（Ultrasound assisted FSW，UA-FSW）技术是在常规 FSW 过程中引入高频超声振动。与辅热和控冷工艺相比，超声作为机械能具有其独特的优势，可避免热循环显著变化对焊接接头产生的不利影响[4]。超声的促流和强振动效用可增强材料流动性，降低焊接载荷、改善接头成型，进而提高焊接接头质量[5]。此外，对于异种合金 FSW，超声的空化效用对于 IMC 引发的不利影响具有积极作用。

　　加热辅助 FSW 技术是通过施加额外的热源对待焊工件进行局部加热，常见的辅助热源主要包括激光、电弧、感应热和电阻热等。加热辅助工艺可提高搅拌头前方待焊区材料的升温速度和塑变速率，减小焊接过程中材料流变抗力和焊接载荷[6]；对于高熔点材料，加热辅助工艺的优势之一是减轻搅拌头的磨损。

　　控冷辅助 FSW 技术是在焊接过程中使用冷却介质以减小焊接峰值温度与增大焊后冷却速率。控冷形式主要可分为两种：焊件完全沉浸于冷却介质和冷却介质接触焊缝表面。常用冷却介质主要包括液氮、干冰和冷却水等。控冷工艺可减小接头残余应力，从而控制焊后变形；可细化晶粒，提高接头承载能力[7]。

　　（3）焊后复合能场 FSW

　　对于 FSW 工艺，焊后复合能场主要是将焊中复合能场保持至焊件恢复室温，以在冷却过程中保证接头连接质量。比如，保持控冷辅助直至焊件恢复室温，可增大材料冷却速率，缩短晶粒、二次相等显微组织长大时间；对于"冶金相容性较差"的异种材料，保持超声振动直至焊件恢复室温，可控制冷却过程中 IMC 生长和分布状态，最大程度改善焊接接头质量。

　　本章以异种材料、高硬高熔点材料和热处理强化材料为研究对象，分别对超声、加热和控冷三种贯穿焊前、焊中和焊后的复合能场 FSW 进行系统研究，并探究其改善 FSW 接头质量的作用机制，以期为拓展 FSW 技术应用范围提供理论依据。

4.2　超声辅助搅拌摩擦焊

　　UA-FSW 利用超声的促流、强振动和空化效用来改善材料流动、促进原子扩散或破碎 IMC，从而获得高质量焊缝[8]。目前，超声辅助对于 FSW 接头成型和力学性能的影响已受到国内外学者的广泛关注。

　　UA-FSW 中超声能量源可进行独立设计，主要由超声发生器和超声振动系统组成。超声发生器可将工频交流电转换为特定频率的超声振荡；超声振动系统主要包括超声换能器、超声变幅杆和超声探头；超声波发生器输出的高频电信号被转变为机械振动，并经由变幅杆使探头端面做小振幅的高频振动，实现超声能场的施加[9]。UA-FSW 中超声振动系统可与焊机耦合或分离，分离式超声振动系统探头的作用位置主要包括搅拌工具本体、搅拌头前/后方或焊缝两侧。对于目前已报道的分离式超声振动系统，超声施加位置主要位于搅拌工具本体或待焊工件上表面。根据超声波的传播/吸收特性以及 SZ 内的材料流动特征，课题组独立研制了作用于待焊工件下方的超声辅助系统，并对其作用机制进行研究。

4.2.1　促流效用

　　UA-FSW 过程中超声波可软化金属材料、降低材料的流变应力，改善塑化材料的流动行为。因此，对于铝/镁、铝/铜和铝/钛等异种材料 FSW，优异的材料流动行为可改善界面复杂程度并增强冶金结合，从而提高接头的承载能力。

图 4-1（c）为 6061-T6 铝/TC4 钛异种材料 UA-FSW 过程，超声施加于钛合金试板下表面。常规 FSW 和 UA-FSW 接头成型存在较大差异（图 4-1a 和 e）。与常规 FSW 接头相比，UA-FSW 接头 SZ 及其内部洋葱环的尺寸更大，洋葱环可直接反映 SZ 内材料流动性能。因此，超声可显著改善接头材料流动行为，有助于实现铝/钛异种材料的充分混合。

常规 FSW 接头底部的铝/钛界面呈现轻微的凸起（图 4-1b）；与之相比，UA-FSW 接头底部的铝/钛界面呈现钩状形貌（图 4-1f）。这一成型差异与搅拌工具的搅拌作用和超声的促流效用有关。超声作用下钛合金的可变形性得到改善，接头底部的界面在搅拌针作用下更易发生弯曲并延伸进入 SZ，形成钩状结构；由于超声的高频振动，钩状结构被不断弯曲和拉伸，最终呈现锯齿状；锯齿状的钩状结构显著增大了接头的界面长度并增强了接头底部的机械互锁。与现有铝/钛异种材料 FSW 接头相比，本研究中超声作用下界面长度与板厚之比得到了极大提升（图 4-1f）。异种材料的连接界面通常为 FSW 接头的薄弱区域，较大的界面长度与板厚之比有助于提升接头的力学性能。

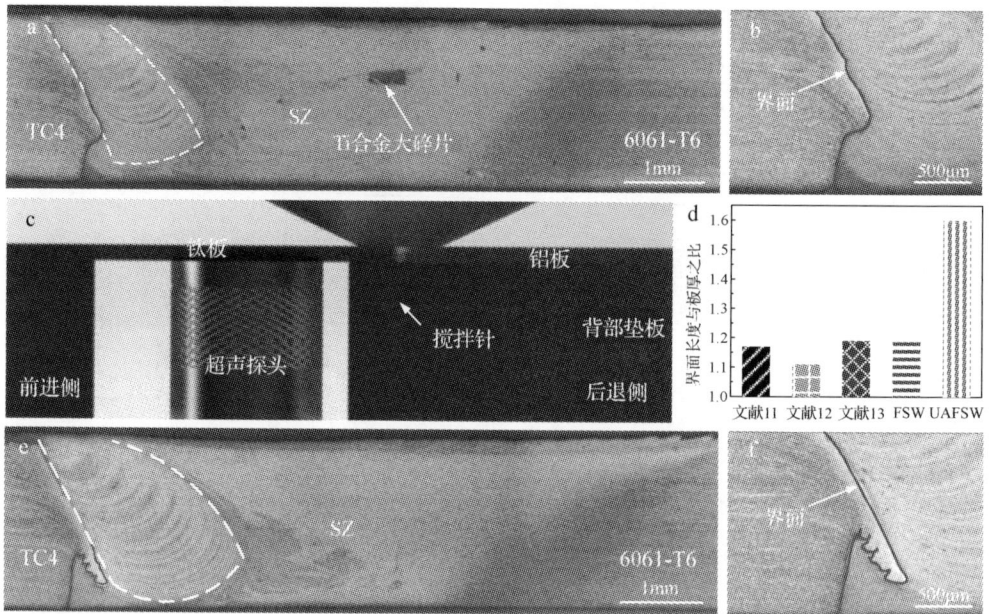

常规 FSW：a. 横截面；b. 界面；c. UA-FSW 工艺；d. 界面长度与板厚之比；UA-FSW；e. 横截面；f. 界面

图 4-1　铝/钛异种材料常规 FSW 和 UA-FSW[10-13]

4.2.2　强振动效用

除了改善材料宏观塑性流变行为，超声对于焊接接头内部微观原子扩散行为的积极影响也备受学者关注。研究者认为在 UA-FSW 过程中，超声的强振动效应可提高界面金属原子的运动能级和扩散能力，促进接头界面处的原子扩散和冶金结合，保证连接的可靠性[14]。

铝/钛异种材料 FSW 接头 SZ 内存在钛合金碎片，大尺寸碎片使 SZ 材料韧性降低且易成为裂纹源。相较于常规 FSW 接头（图 4-2a），UA-FSW 接头 SZ 内钛合金碎片的尺寸明显减小（图 4-2d）。这是由于超声作用改善了钛合金基板的可变形性，且搅拌针与震荡基板之间的刮擦作用更为剧烈。钛合金碎片尺寸的减小有利改善 SZ 组织结构的均匀性并降低应变失调。此外，由于焊接过程中发生动态再结晶，常规 FSW 和 UA-FSW 接头焊核组织均表征为细小的等轴晶；超声强振动效用下晶粒的平均尺寸显著减小（图 4-2a 和 d）。晶粒尺寸的降低有助于增强 SZ 材料的各向异性，从而改善接头的机械性能。

常规 FSW 和 UA-FSW 接头的界面处均未观察到 IMC 层、孔洞和微裂纹（图 4-2b 和 e）。EDS 线扫描结果（图 4-2c 和 f）中铝和钛元素的特征曲线均变化平稳，表明常规 FSW 和 UA-FSW 接头界面处均形成稳定的扩散连接。与以 IMC 为特征的反应型连接界面相比，扩散型界面对于接头强度具有更积极的影响。

Yao 等人[15]研究表明，在铝-钛 IMC 产生前，接头的连接强度依赖于扩散区的尺寸。因此，在合理范围内增大扩散层厚度有助于提高扩散连接强度。常规 FSW 接头中铝和钛元素的扩散厚度分别为 1.9 μm 和 1.4 μm；超声作用下两元素的扩散厚度分别增大至 2.9 μm 和 1.8 μm（图 4-2c 和 f）。这是由于超声的加入有助于增大原子的运动能级，从而加快原子扩散速率。综上，超声的强振动效用可显著提高 6061-T6 铝合金/TC4 钛异种材料 FSW 接头界面的连接强度。

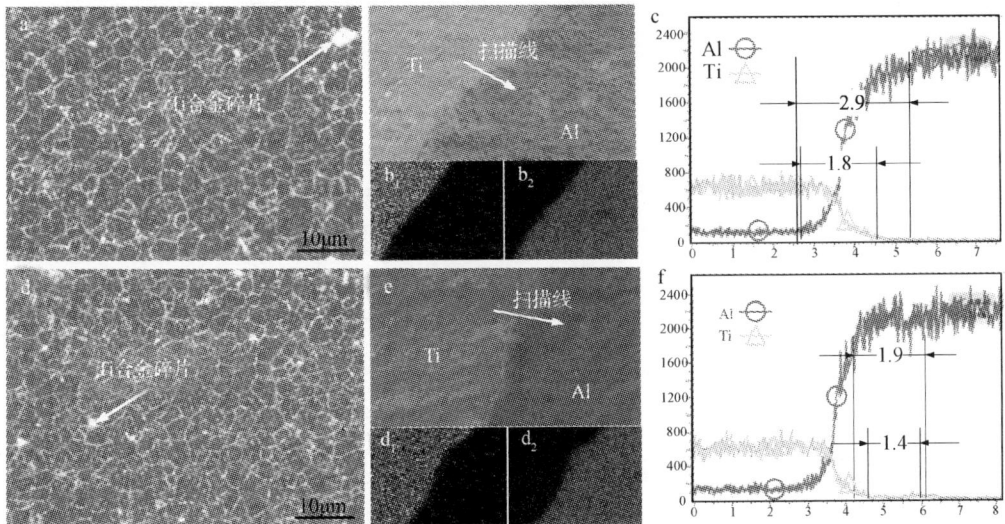

常规 FSW：a. SZ 组织；b. 铝/钛界面；c. 扩散层 EDS 线扫描；UA-FSW；d. SZ 组织；e. 铝/钛界面；f. 扩散层 EDS 线扫描

图 4-2　6061-T6 Al/TC4 Ti 异种材料焊接接头显微组织[10]

图 4-3a 为 6061-T6 铝/TC4 钛异种材料常规 FSW 和 UA-FSW 接头显微硬度分布。与常规 FSW 接头相比，UA-FSW 接头 SZ 具有更高的平均硬度，主要归因于超声作用下 SZ 晶粒尺寸更小。硬度分布表明 UA-FSW 接头的 SZ 宽于常规 FSW，与图 4-1 中两种工艺接头的横截面形貌差异相符合。界面处的钛合金在搅拌针作用下被挤压和拉伸而产生加工硬化，因此最大硬度值出现在钛合金侧近界面处且高于母材硬度值。常规 FSW 和 UA-FSW 接头的最低硬度值均位于 6061-T6 铝合金侧 TMAZ 和 HAZ 的过渡区，分别约为 57HV 和 62HV。因此，超声的加入可增大接头最低硬度值，这可能与位错密度的增大有关。

焊缝低硬度值对接头拉伸强度具有不利影响。6061-T6 铝合金为时效强化铝-镁-硅系合金，主要依赖于沉淀相的强化作用。FSW 过程中的热循环致使沉淀相发生溶解或粗化，导致接头软化，从而降低接头的拉伸强度。较低的热输入有助于减轻接头的软化程度，改善接头的抗拉性能。Song 等人[16] 关于 TC4 钛/6061-T6 铝异种材料 FSW 研究表明，接头在最小硬度位置（HAZ）发生断裂，此时接头的最低硬度值和拉伸强度分别达到铝合金母材的 58% 和 62%。本研究中热输入较低，UA-FSW 接头的最小硬度值达到铝合金母材的 68%；接头较小的软化程度可降低强度损失（图 4-3b）。尽管 TMAZ 和 HAZ 的过渡区硬度最小且 SZ 几乎不存在减薄，但由于钛合金碎片的不利影响，SZ 仍为接头的最薄弱区。因此，两种焊接工艺接头均在 SZ 处发生断裂（图 4-3c 和 e）。若 SZ 内钛合金碎片的尺寸进一步减小，接头拉伸强度将得到进一步提高。

6061-T6 铝/TC4 钛异种材料常规 FSW 接头的断裂路径位于近界面处且穿过两个区域（图 4-3c）：一是存在弱连接的界面底部；二是 SZ 内部。常规 FSW 接头上部的界面为扩散型连接，其较高的连接强度使裂纹沿界面向上扩展时逐渐远离界面进入 SZ；钛合金碎片十分接近铝/钛界面，助于裂纹由界面扩展进入焊核，并最终发生断裂。断裂表面存在韧窝，表明接头呈韧性断裂；大尺寸的钛合金碎片存在于断裂表面（图 4-3d）。对于 UA-FSW 接头，钩状结构使铝/钛界面底部得到强化，且在超声的作用下界面扩散强度得到提高，因此接头整体断裂于 SZ（图 4-3e）。与常规 FSW 相比，UA-FSW 接头的断裂表面更加平整且无大尺寸的钛合金碎片（图 4-3f）；大且深的韧窝大量存在于断裂表面，且一些大韧窝中嵌套小韧窝和第二相颗粒，表明 UA-FSW 接头具有更好的韧性。

与已有报道结果相比，本研究中超声作用下 6061-T6 铝/TC4 钛异种材料 FSW 接头拉伸性能优异，且接头强度系数提升更为显著（图 4-3b）。综上，超声的强振动效应可明显增强异种材料 FSW 界面连接强度，从而显著提升接头拉伸性能。

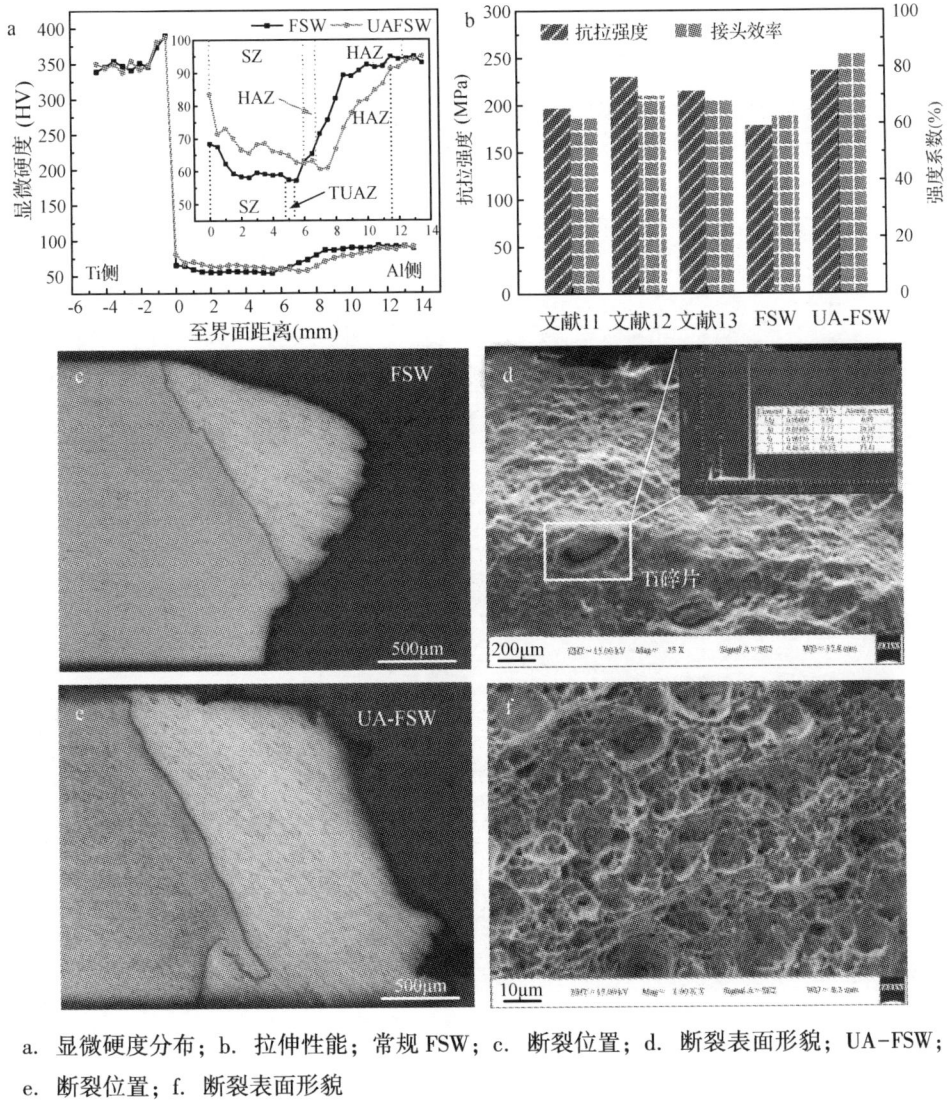

a. 显微硬度分布；b. 拉伸性能；常规 FSW；c. 断裂位置；d. 断裂表面形貌；UA-FSW；
e. 断裂位置；f. 断裂表面形貌

图 4-3 6061-T6 铝/TC4 钛异种材料 FSW 接头力学性能[10]

4.2.3 空化效用

由于涡流或超声波等物理作用，液体或固-液界面产生暂时负压区而形成微小的空泡；非稳定状态的空泡存在初生、发育和随后迅速闭合的过程，其迅速闭合破灭时产生微激波，形成很大的局部压强，这一现象称之为空化[9]。超声的空化效应对于降低异种材料 FSW 接头中 IMC 产生的不利影响具有积极作用。

大尺寸的 IMC 在常规 FSLW 接头铝/镁合金边界处呈连续分布，对接头拉剪性能产生不利影响[18]。除减少或避免 IMC 的形成外，合理控制 IMC 形貌和分布状态是提高接头性能的重要途径。图 4-4 为不同超声能量（800 W、1200 W 和 1600 W）下锌中间层 7075-T6 铝/AZ31B 镁异种材料 FSLW 接头显微组织。大量细小的颗粒状组织在铝/镁混合区及其与 TMAZ 的边界处呈离散分布。点 1 和 2 的 EDS 点扫描结果表明，这些白色的颗粒主要为镁-锌和少量铝-镁-锌相。SZ 中铝元素极少，镁元素与锌元素为主要元素（图 4-4f）。超声作用下镁-锌和铝-镁-锌 IMC 尺寸随超声能量的增大而逐渐减小（图 4-4a~c）。这一现象与超声的空化效应有关。

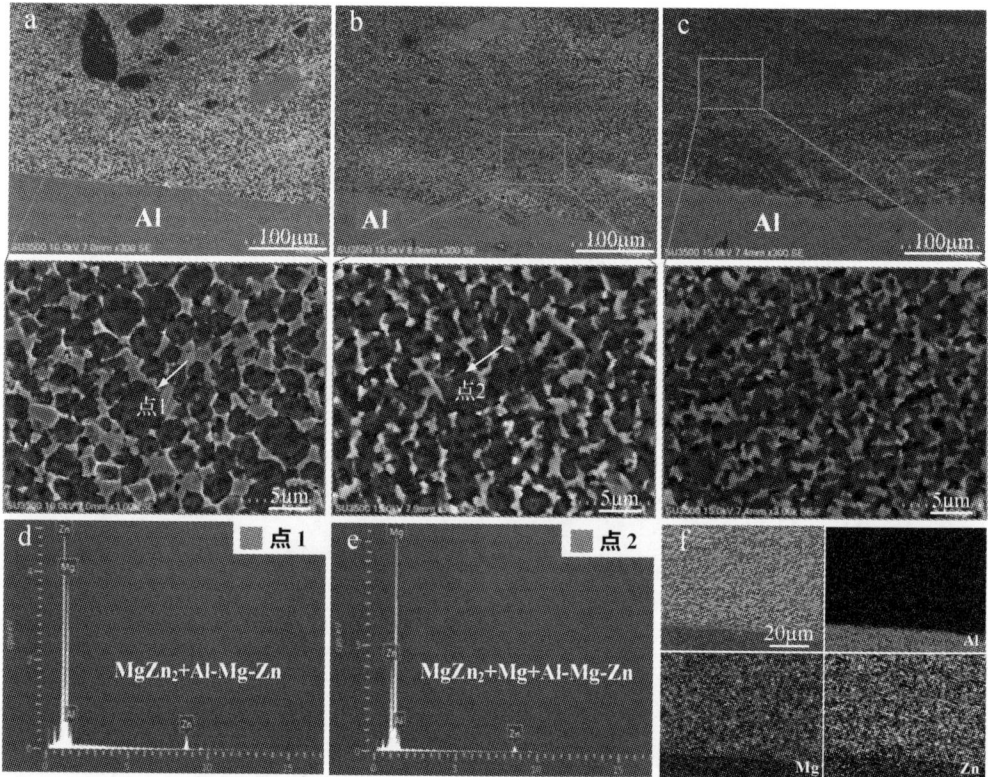

超声能量：a. 800 W；b. 1 200 W；c. 1 600 W；EDS 扫描；d. 点 1；e. 点 2；f. 1 600 W 接头典型区域面扫描结果

图 4-4 超声-锌中间层 7075-T6 铝/AZ31B 镁 FSLW 接头显微组织[17]

Sato 等人[19] 提出，铝/镁异种材料 FSW 过程中的原子扩散行为相比静止状态时更为剧烈，剧烈的原子扩散易形成源发液相。Firouzdor 等人[20] 也证明铝/镁异材 FSW 过程中存在液相。因此，由于焊接过程中锌的熔化和铝/镁源发液相的存在，超声辅助搅拌摩擦搭接焊（Ultrasonic assisted FSLW，UAFSLW）接头铝/镁混合区中的材料处于固液混合状态。超声空化效应可发生于固液混合材料中，大量的空化泡不断地产生并溃破，形成冲击波；铝/镁界面处形成的镁-锌 IMC 还未来得及长大便被连续不断的强烈冲击波打碎；被打碎的细小颗粒在超声机械和搅拌针搅拌双重作用的驱动下向上转移，最终弥散在铝/镁混合区中（图 4-5）。

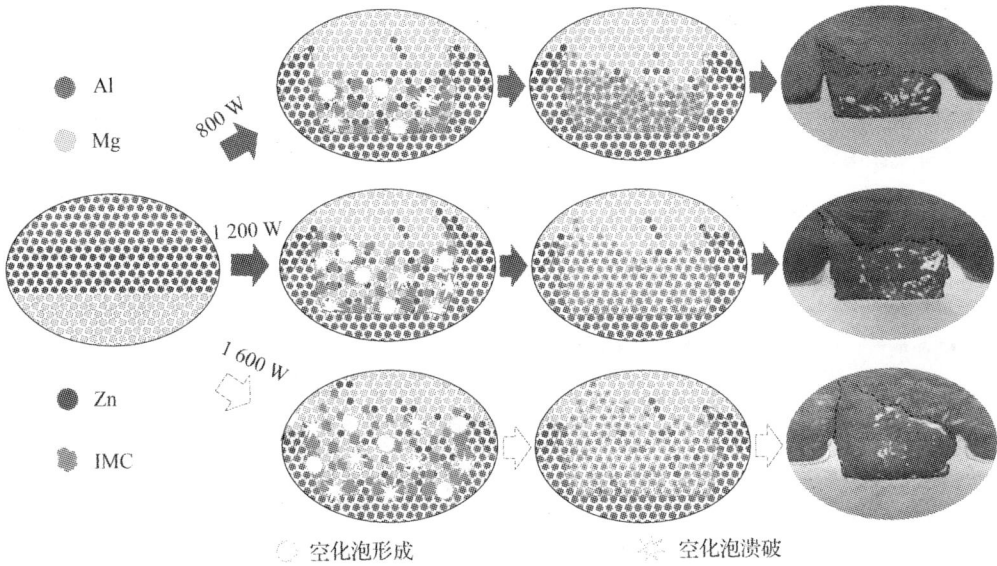

图 4-5 超声能量对 IMC 的作用[17]

通过粒径分布计算可得，800 W、1 200 W 和 1 600 W 超声能量下接头中 IMC 尺寸均值分别为 1.63 μm、0.96 μm 和 0.65 μm（图 4-4a~c）。超声能量对镁-锌和铝-镁-锌 IMC 的作用由图 4-5 所示。对于 800 W 下的 UA-FSLW 接头，超声能量较小时生成的空化泡数量较少，且空化泡产生和溃破的速率较慢，产生的冲击波不足以完全击碎 IMC；金属原子的运动能级和扩散速率较小，相对较多的锌沉积在 SZ 底部，为 IMC 的生长提供良好环境。因此，800 W 超声能量下 IMC 颗粒的尺寸最大。当超声能量升高至 1 200 W 时，锌元素的扩散效果增强，铝/镁混合区底部的锌含量减少；更多的空化泡形成且更快地溃破，产生强烈的冲击波，故而铝/镁混合区高度增大且 IMC 尺寸减小。锌的扩散程度和超声空化程度均在 1 600 W 能量下达到最大，此时接头镁/铝混合区最高且 IMC 尺寸最小（图 4-4c 和图 4-5）。

综上，超声复合能场的促流效应能够显著改善 FSW 接头成型；强振动效应有助于细化晶粒，促进原子扩散，从而提升界面连接强度；空化效应可以破碎异种材料 FSW 接头中 IMC，对降低 IMC 带来的不利影响具有积极作用。

4.3 加热辅助搅拌摩擦焊

对于 TC4 钛合金等高硬高熔点材料，额外的热源辅助可以加快 FSW 过程中材料的塑化速率，减小焊接过程中材料流变抗力和焊接载荷，从而减轻搅拌头磨损。因此，加热辅助 FSW 技术具有较大的研究价值和应用前景。常见的辅助热源如激光、电弧、感应热等都存在其自身缺陷，如激光辅热能量利用率较低，辅助装置成本较高；电弧辅热工作环境差，不利于绿色环保；感应辅热无法实现对待焊区域的精确加热等。此外，已报道的相关辅助加热源均作用于待焊板上表面，这将增大沿板厚方向的温度梯度，不利于 FSW 接头成型和显微组织演变行为。因此，为减轻搅拌头磨损并减小沿板厚方向的温度梯度，课题组针对高硬高熔点材料提出一种基于电阻加热的辅热 FSW 工艺——背部辅热 FSW。

图 4-6a 为背部辅热 FSW 工艺示意图。为避免轴肩顶锻力的影响，两条加热带对称放置于焊缝两侧的凹槽中，其与 TC4 钛试板的下表面直接接触以保证迅速加热；根据搅拌头的轴肩直径可调整两条加热带间距，并使用 K 型热电偶测量焊缝上表面的温度变化。由于化学性能活泼，TC4 钛合金在温度超过 250 ℃时易发生吸氢，导致合金性能改变。因此，为确保待焊试板上表面温度低于 250 ℃，预加热阶段的加热温度设定为 480 ℃。利用背部辅热系统在焊前将待焊板加热至预设温度，在焊接过程中确保加热温度稳定并直至焊接过程完成。

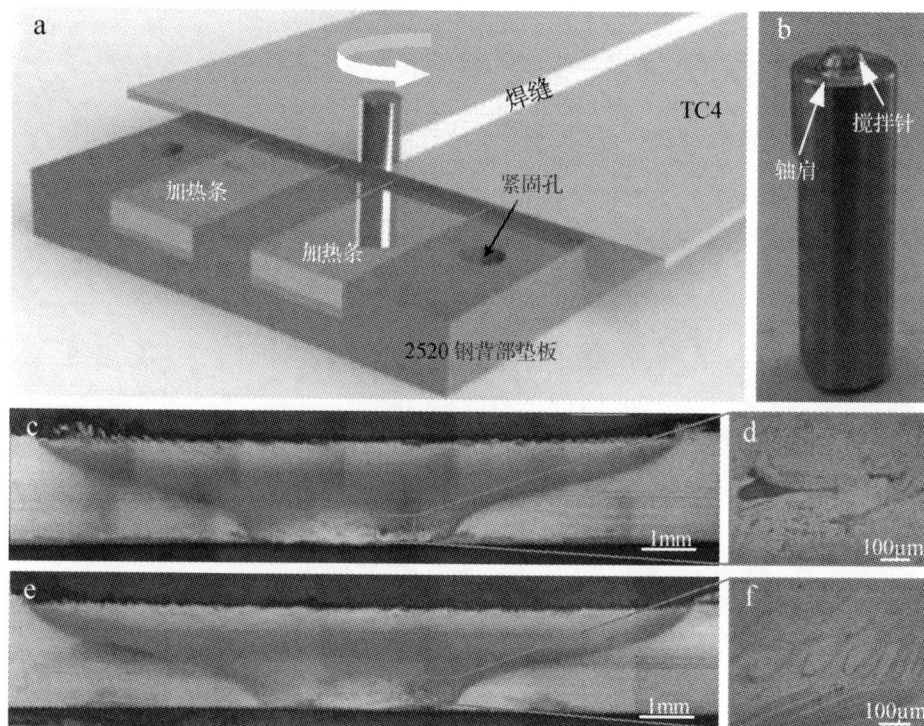

a. 工艺示意图；b. 搅拌头形貌；常规 FSW；c. 横截面；d. 底部缺陷；背部辅热 FSW；e. 横截面；f. 底部缺陷

图 4-6　TC4 钛合金背部辅热 FSW[21]

4.3.1　结构完整性

背部辅热技术可显著改善 TC4 钛合金 FSW 接头成型（图 4-6c～f），使接头 SZ 底部类似孔洞的缺陷消失。一般而言，FSW 接头中孔洞缺陷的产生多是由热输入不充分导致材料塑化和流动性较差所引起的。较高的转速有助于改善焊核底部材料的流动行为，但当转速较高时（120 r/min、150 r/min 和 200 r/min），常规 FSW 接头焊核底部仍存在缺陷，且缺陷尺寸随转速的增大而增大；当采用低转速（100 r/min）时，缺陷反而消失（表 4-1）。因此，材料流动不是影响 TC4 钛合金 FSW 接头缺陷形成的主要原因。

表 4-1　常规 FSW 和背部辅热 FSW 接头成型[21]

转速（r/min）	常规 FSW 接头	底部缺陷	背部辅热接头	底部缺陷
200				
150				
120				
100				

通常孔洞和隧道等缺陷多产生于 SZ 前进侧，但表 4-1 中的缺陷平行于焊缝表面且几乎贯穿整个 SZ（150 r/min 和 200 r/min），该类缺陷被称为撕裂型缺陷。从热力学角度分析，FSW 过程可分为加热和冷却两个阶段。SZ 材料在加热阶段迅速膨胀且在冷却阶段急剧收缩，产生焊接拉应力；当拉应力超过材料的极限拉伸强度时，材料被撕裂进而形成撕裂型缺陷。焊接拉应力与焊接峰值温度密切相关[22]；减小转速可降低焊接温度峰值，因此 SZ 底部撕裂型缺陷的尺寸随转速的减小而减小直至消失。

与常规 FSW 相比，背部辅热 FSW 接头仅在 200 r/min 转速下存在撕裂型缺陷，且其尺寸明显变小；当转速为 150 r/min、120 r/min 和 100 r/min 时接头底部未形成撕裂型缺陷。FSW 过程中大部分摩擦热产自轴肩，且 TC4 钛合金热传导性较差，导致接头上表面的焊接温度远高于下表面、沿板厚方向存在较大的温度梯度，使焊接拉应力进一步提高。背部辅热会增加焊接过程中的热输入，使温度峰值在相同转速

/焊速下高于常规工艺，提高焊接过程中产生的拉应力。然而，背部辅热系统可减小沿板厚方向的温度梯度，有助于减小焊接拉应力。从表4-1的试验结果对比来看，基于减小温度梯度来降低焊接应力起主导作用；在较高热输入条件下，背部辅热FSW接头中撕裂型缺陷变小甚至消失。

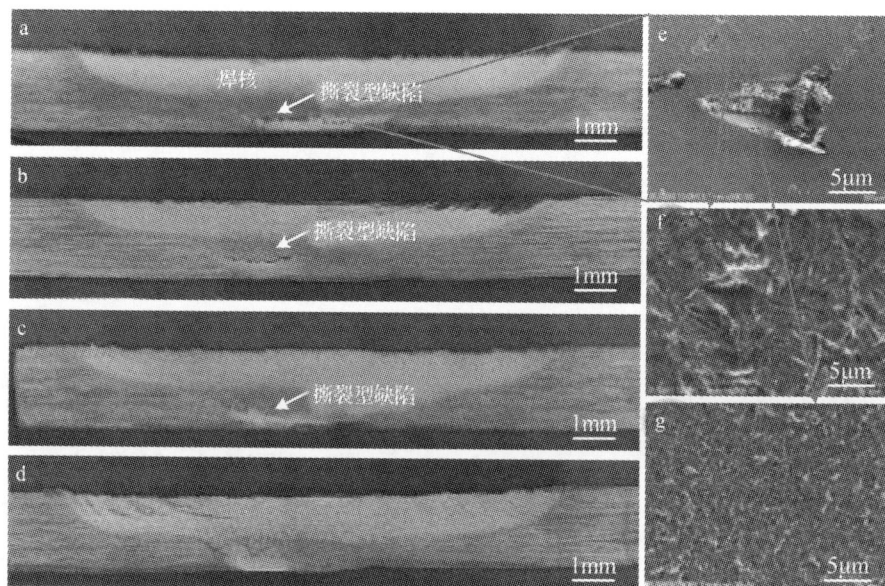

a. 常规FSW；背部辅热FSW；b. 300 ℃；c. 370 ℃；d. 480 ℃；e~f 和 g. 撕裂型缺陷附近显微组织

图4-7　350 r/min 下 TC4 钛合金常规 FSW 和背部辅热 FSW 接头成型[23]

在高热输入（350 r/min）下，常规 FSW 接头上下表面的温度差高达 162 ℃，SZ 底部存在大尺寸撕裂型缺陷。相同焊接工艺参数下，300 ℃背部辅热接头上下表面温度差减小至 125 ℃；温度差随辅热温度的升高而逐渐减小，并在 480 ℃时达到最小值 71 ℃；撕裂型缺陷尺寸随加热温度的增大而减小（图4-7a~c），且在 480 ℃时获得无缺陷接头（图4-7d）。事实上，撕裂型缺陷的产生除因焊接热导致的焊接拉应力外，还与因显微组织差异大（图4-7f 与 g）而导致的应力集中有关。由于高的背部辅热温度会使 SZ 具有更高的温度峰值，因此，综合表4-1与图4-7的试验结果可得如下结论：与温度峰值相比，沿板厚方向的温度梯度对 TC4 钛合金 FSW 接头中撕裂型缺陷的影响更为显著。

4.3.2　显微组织演变

图4-8a 为 TC4 钛合金母材显微组织，其表征为近等轴的灰色 α 原始相和白色 β 转变相；图中 α 与 β 相的平均尺寸分别为 5 μm 和 3 μm。图4-8b 和 c 为 200 r/min 转速下常规和背部辅热 FSW 接头 HAZ 显微组织。背部辅热 FSW 接头的 HAZ 宽度（约

为 101 μm）明显大于常规 FSW 接头（约为 74 μm）；由于经历低于 β 相变温度的热循环，常规 FSW 接头 HAZ 组织与母材相比发生明显粗化（图 4-8b）。图 4-8c 中亦可观察到粗化的 α 相；与常规 FSW 相比，背部辅热 FSW 接头 HAZ 中 α 相的数量大幅度减小，这是由于较高的焊接温度使 β 相得以长大并消耗部分 α 相。

对于 TC4 钛合金 FSW 接头，沿板厚方向的温度梯度使得显微组织存在较大差异。图 4-8d~g 为常规与背部辅热 FSW 接头 SZ 上部和底部的显微组织。两种接头的 SZ 上部均存在板条状组织；与常规 FSW 相比，背部辅热 FSW 接头 SZ 上部完全为板条组织。对于 SZ 底部，常规 FSW 接头（图 4-8f）由细小的等轴晶组成，而背部辅热 FSW 接头（图 4-8g）却由大量板条状组织组成。因此，背部辅热工艺通过减小沿板厚方向的温度梯度，可有效降低显微组织差异，易获得组织均匀的 SZ。

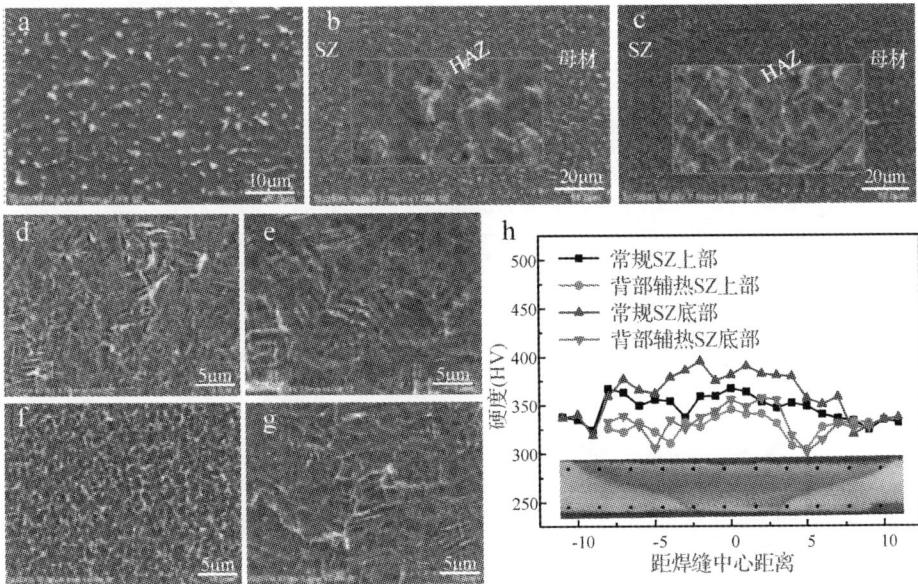

a. 母材；HAZ；b. 常规；c. 背部辅热；SZ 上部；d. 常规；e. 背部辅热；SZ 底部；
f. 常规；g. 背部辅热；h. 显微硬度分布

图 4-8　常规和背部辅热 FSW 接头显微组织和硬度分布[21]

在转速为 200 r/min 时，常规和背部辅热 FSW 过程显微组织的演变规律可由图 4-9 表示。背部辅热 FSW 接头 SZ 整体的温度峰值高于 β 相变温度；在焊接加热阶段，母材被打碎并发生完全动态再结晶，此阶段结束时获得细小且等轴的 β 转变相；在冷却阶段，SZ 上部和底部的材料均经历较快的热散失，首先形成具有较小边界长度的 α 相，最后形成较小的板条状 α+β 和原始 β 相。背部辅热 FSW 的 HAZ 在焊接过程中的温度峰值低于 β 相变温度，但热循环仍引发晶粒粗化，致使 α 向 β 相转变，并在冷却阶段发生 β→α+β。因此，HAZ 表征为由粗化的 α 原始相和板条状 α+β 相组成的复合组织形貌。对于常规 FSW 接头，HAZ 经历相同的组织演变，但温度峰值低于背部辅热 FSW，因此呈现较小的 α 原始相和板条状 α+β 相。常规 FSW 接头 SZ 上部材料在焊接阶段被搅拌头打碎的同时经历较高但仍低于 β 相变温度的热循环，发生 α→β 相转变；冷却阶段发生 β→α+β，产生较少的板条状组织。常规 FSW 接头 SZ 底部材料经历的温度远低于 β 相变温度，因此在显微组织表征为细小的等轴晶。

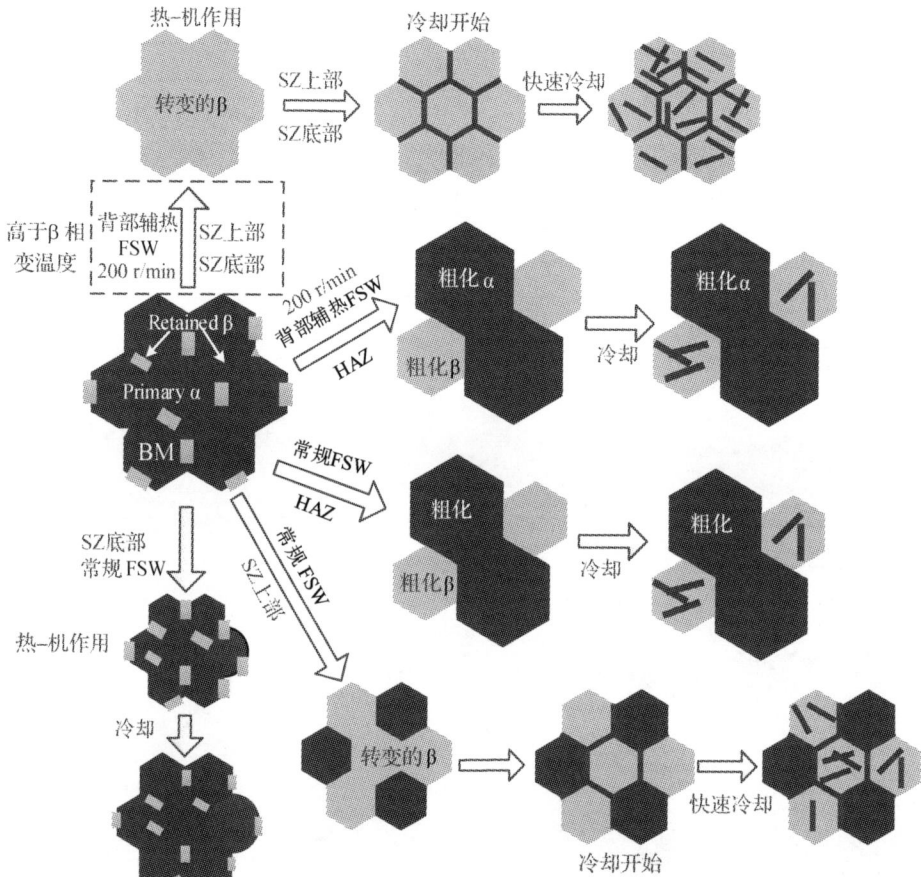

图 4-9　TC4 钛合金 FSW 接头显微组织演变[21]

4.3.3　力学性能

对于 TC4 钛合金等高强材料，搅拌头磨损是限制 FSW 工艺广泛应用的主要因素。因此，对 TC4 钛合金焊接过程中搅拌头磨损程度进行分析，有助于更好地理解焊接过程并选择更合适的焊接工艺参数窗口。试验所用搅拌头为 W-Re 合金所制，由内凹轴肩和右旋螺纹搅拌针组成（图 4-6b）。在焊接过程中，搅拌头材料在机械磨损、黏着磨损等作用下进入 SZ，使 SZ 中出现大量小黑点（图 4-6，表 4-1）；研究表明，黑点的成分是 W 和 Re。因此，可通过 EDS 表征手段进行搅拌头材料（W-Re）示踪，进而评估不同工况下的搅拌头磨损。

图 4-10a 和 b 为常规和背部辅热 FSW 接头（shoulder affeted zone，SAZ）的 EDS 检测结果。与常规 FSW 相比，背部辅热 FSW 接头轴肩影响区中 W 和 Re 元素的含量明显减少。图 4-10c 为常规 FSW 接头撕裂型缺陷周围材料的 EDS 检测结果；此

区域 W 和 Re 元素的含量较高，表明产生撕裂型缺陷时搅拌头磨损较为严重。事实上，除可显著减轻搅拌头的磨损程度外，背部辅热工艺还可缓解 W-Re 搅拌针的墩粗现象，进而大幅度地增加搅拌头的可焊长度。

图 4-10d 为常规和背部辅热 FSW 接头拉伸性能。200 r/min 下常规 FSW 接头具有最低拉伸强度（720 MPa）和最小延伸率（0.2%），这是由于在承受外部载荷时接头中的撕裂型缺陷会产生应力集中。随着转速的降低，撕裂型缺陷逐渐减小，接头拉伸性能逐渐增加。Liu 等[24] 研究指出，低于 β 相变温度的 TC4 钛合金 FSW 接头的最大拉伸强度可达 953 MPa，相当于母材强度的 92%。与文献[24] 相比，课题组采用了具有螺纹搅拌针的搅拌头和较小的转速，有助于获得更高的接头质量。100 r/min 转速下常规 FSW 接头的拉伸强度和延伸率分别为 1014 MPa 和 6.8%，分别达到母材的 98.9% 和 54.4%。对于背部辅热 FSW 工艺，更高的热输入导致显微组织粗化，对接头拉伸性能产生不利影响。100 r/min 转速下无缺陷的背部辅热 FSW 接头拉伸强度为 958 MPa；此值虽略低于常规 FSW 接头，但仍达到母材强度的 93.6%。然而，当转速自 120 r/min 升高至 200 r/min 时，背部辅热 FSW 接头拥有比常规 FSW 接头更高的拉伸性能。

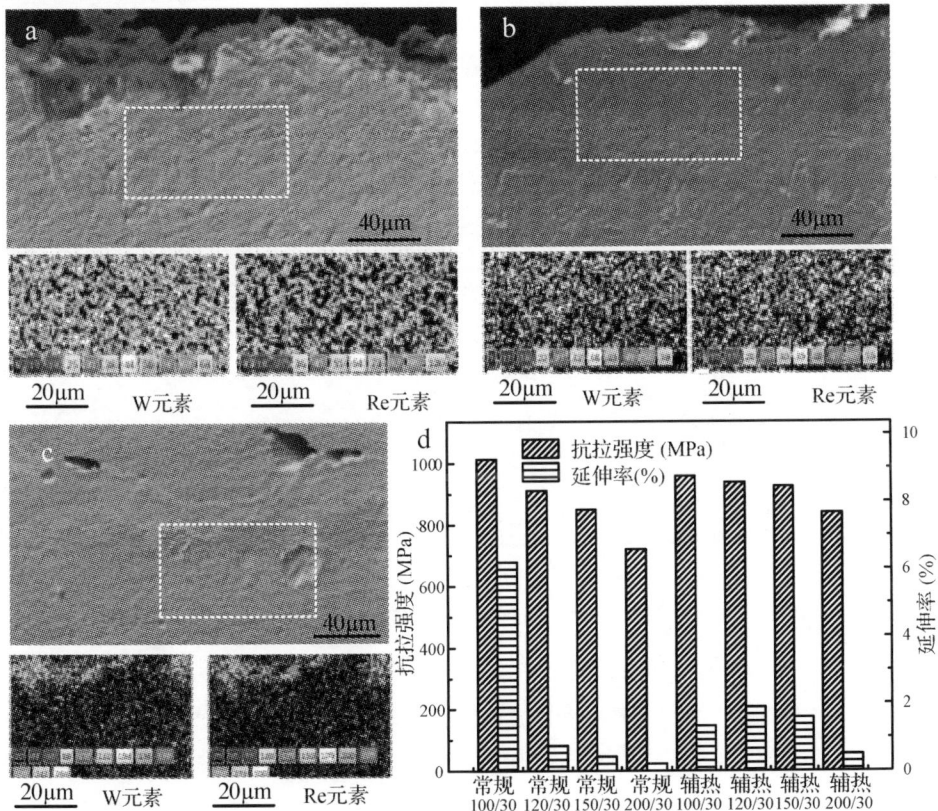

搅拌头磨损表征：a. 常规 SAZ；b. 背部辅热 SAZ；c. 撕裂型缺陷附近；d. 接头拉伸性能

图 4-10 TC4 钛合金 FSW 搅拌头磨损和接头拉伸性能[23]

综上，TC4 钛合金 FSW 的焊接工艺窗口较窄，即可获得无缺陷接头的热输入范围较小。在实际工程中焊接较长焊缝时，由于热量积累、板厚制造误差、垫板制造误差等因素，难以保持 SZ 热输入不变，再加上严重的搅拌头磨损/墩粗等现象，导致焊缝质量不稳定性极差。背部辅热 FSW 技术有助于消除 FSW 接头内部的撕裂型缺陷、改善沿板厚方向显微组织均匀性及缓解搅拌头的磨损，从而成功拓宽焊接工艺参数范围。因此，课题组有关背部辅热 FSW 的研究对于 TC4 钛合金 FSW 长焊缝的实际工程应用具有十分重要的推进作用。

4.4 控冷辅助搅拌摩擦焊

相比于传统熔焊，FSW 技术的焊接热输入较低，可获得较小的焊接残余应力与变形。然而残余应力与变形仍是影响 FSW 焊件，尤其是薄壁结构质量的重要因素。对于沉淀强化铝合金，焊接过程中的热输入会导致接头软化且沿板厚方向的温度梯度会引起组织不均匀性，这均影响焊接接头的质量。从控制应力与变形的角度，可采用随搅拌头同步移动的激冷源使焊缝处产生额外的拉伸应变[25]；从减弱接头软化以及减小沿板厚温度梯度的角度，焊接上表面施加随焊激冷源可起到积极的效用。因此，课题组近年来对控冷辅助 FSW 技术进行了研究。本节主要以 TC4 钛和 2060-T8 铝-锂合金两种材料为对象进行讨论，揭示控冷工艺对焊后应力/变形和接头成型的作用机制。

4.4.1 焊后应力/变形

选取液氮作为冷却介质，对 TC4 钛合金进行随焊控冷搅拌摩擦焊（Trailing intensive cooling FSW，TICFSW）试验（图 4-11a）。冷却介质喷嘴位于搅拌头后方 20 mm 处，并在焊接过程中随搅拌头同步移动；焊接过程中保持氩气环境，以防止焊缝和搅拌头发生氧化。

采用有限元软件 ABAQUS 建立有限元模型，对比研究常规和控冷工艺对 TC4 钛合金 FSW 的温度场、应力场和焊后变形的影响规律。图 4-11b 和 c 为控冷 FSW 的试验和模拟过程中测温点 Q1 和 Q2 处的温度循环曲线，其中点 Q1 与 Q2 到焊缝中心线的距离分别是 9 mm 与 11 mm。近焊缝材料的模拟温度循环曲线与测温试验结果的变化趋势相同，均为温度在加热阶段迅速升高且在冷却阶段急剧降低；在快速升温阶段，点 Q1 模拟结果与试验结果的最大误差为 4.8%（图 4-11b），点 Q2 的最大误差为 2.9%（图 4-11c）。模拟结果与试验结果的误差较小，表明研究所用有限元模型具有合理性。

图 4-11d~f 为常规和控冷 FSW 过程温度分布。两种工艺条件下温度分布均关于焊缝对称且呈现近椭圆形。在焊接过程中，搅拌头前方的材料仅经历热传导，而后方的材料不仅受搅拌头产热的直接影响还受已前进搅拌头热传导的间接作用。因此，搅拌头后方材料的温度梯度较小，而前方呈现较大的温度梯度。S1、S2 和 S3 为温度超

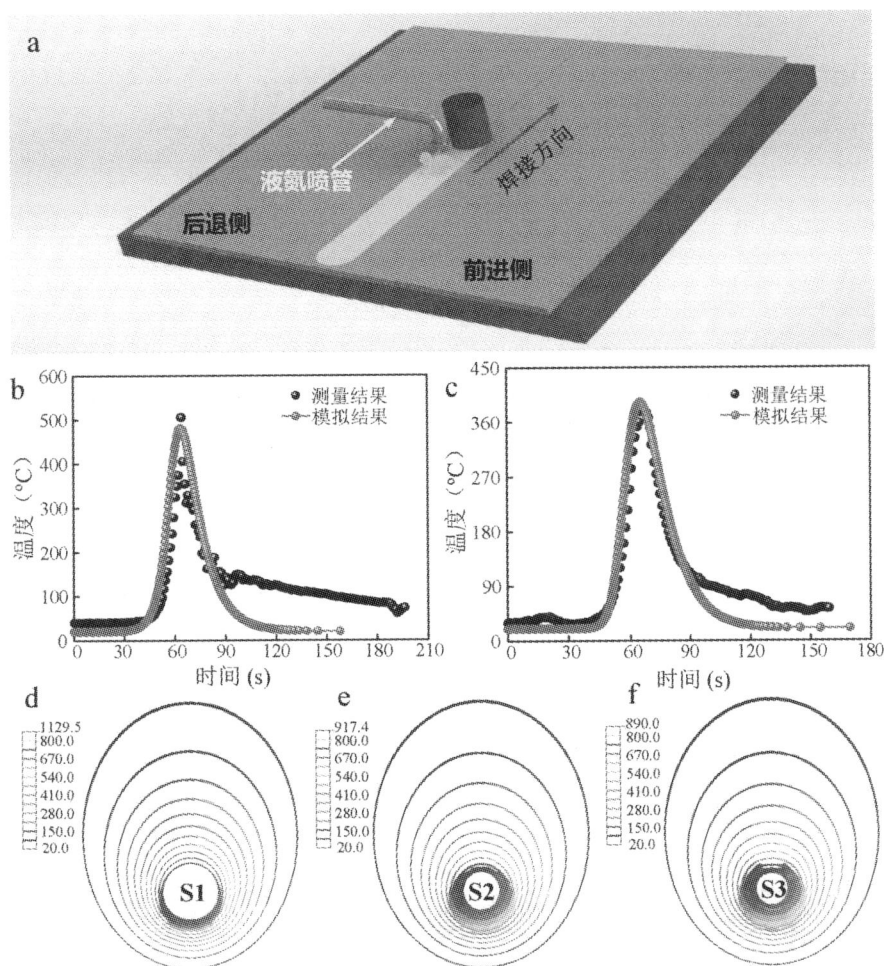

a. TICFSW 过程；温度循环曲线；b. 点 Q1；c. 点 Q2；温度场分布；d. 250 r/min
常规 FSW；e. 100 r/min 常规 FSW；f. 100 r/min TICFSW

图 4-11　TC4 钛合金 TICFSW[26]

过 800 ℃ 的区域。常规条件下，采用 250 r/min 转速时焊接温度峰值为 1129.5 ℃（图 4
-11d）；当转速下降至 100 r/min 时焊接温度峰值降为 917.4 ℃（图 4-11e）。与常规条
件相比，相同焊接工艺参数下控冷条件的温度峰值更低，在 100 r/min 下仅为 890.0 ℃
（图 4-11f）。此外，常规 FSW 接头的高温区 S2 尺寸明显大于控冷 FSW 接头的 S3。与常
规条件相比，控冷条件下搅拌头后方区域温度受液氮的直接影响而急剧降低，使更多的
热量自高温区转移至液氮影响区，进而导致焊接过程中的高温区收缩且温度峰值降低。

　　图 4-12a 为两种工艺条件下接头纵向残余应力分布曲线，纵坐标正值表示拉应
力，负值代表压应力。两种工艺条件下的纵向残余应力均关于焊缝中心呈对称的
"M" 形分布。焊缝及其附近存在残余拉应力；为保持焊件整体的应力平衡，远离焊
缝的区域出现残余压应力，且在焊件边缘位置趋近于零。250 r/min 和 100 r/min 转
速下常规 FSW 接头最大残余拉应力分别为 365.1 MPa 和 350.1 MPa。焊缝金属在加

热阶段膨胀并在冷却阶段收缩，两种行为受焊缝外低温材料的限制，从而产生残余应力；焊缝金属膨胀愈小，产生的残余应力愈低，因此，低热输入利于获得较小的残余拉应力。对于控冷工艺来说，随搅拌头同步移动的激冷源使搅拌头后方产生一沿垂直焊缝方向的马鞍形温度场（图4-11f），其对焊缝产生拉伸作用，抑制焊后焊缝的收缩，使焊缝产生额外的拉伸塑性应变。同时，激冷源作用区的材料急剧收缩，产生很强的拉伸作用，使前面高温区焊缝的压缩塑性应变得到补偿。以上两方面均使控冷工艺下焊缝的残余压缩塑性应变降低，起到降低残余拉应力的作用。图4-12b为不同工艺条件下焊缝外侧纵向残余塑性应变分布规律，其可间接反映上述分析的正确性。同时，由图4-12a可知，相同工艺参数下控冷工艺接头的最大纵向残余拉应力相比常规 FSW 接头降低 4.8%，仅为 333.5 MPa；焊缝中心处纵向残余应力下降最为显著，比常规 FSW 接头降低 16.5%。

残余应力和残余塑性应变的降低有助于控制焊件变形[27]。图4-12c为试验焊件实物变形。焊件均在横向下凹，并在纵向上凸，呈现类似于反马鞍的形状。与常规条件相比，控冷条件下焊件的变形程度大幅度减小（图4-12d）。纵向变形关于焊缝几乎成对称分布，常规和控冷 FSW 试件的最大变形量分别为 4.9 mm 和 3.2 mm。控冷条件下焊后变形较小的主要原因是激冷源的施加可有效降低残余塑性应变和残余应力。

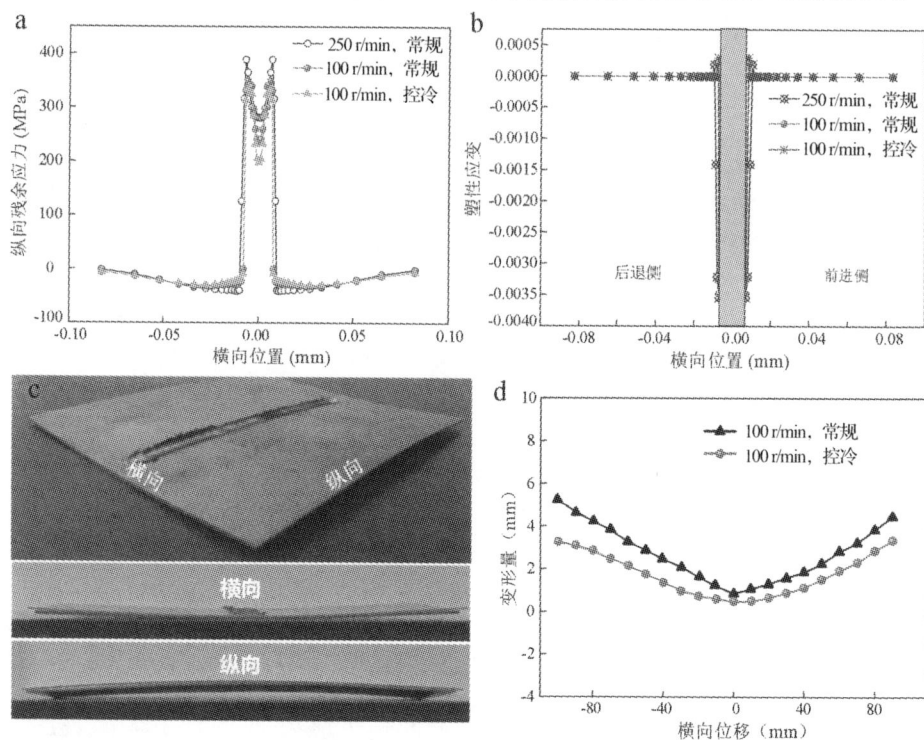

a. 纵向残余应力分布；b. 焊缝外残余塑性应变分布；c. 常规工艺试板变形实物；
d. 常规和控冷工艺试板横向变形量

图4-12　常规和控冷 FSW 接头的应力应变和变形[26]

综上，控冷辅助工艺可减小 FSW 过程中的温度峰值并缩小高温区域，降低焊后接头的残余拉应力和残余变形，提高焊接接头的质量。

4.4.2　显微组织演变

FSW 过程中充分的材料流动是获得良好焊接接头的必要条件，而充分的材料流动往往依赖于较高的热输入。对于 2060-T8 铝-锂合金等沉淀强化材料而言，过高的热输入会加剧焊接接头软化程度，严重降低接头力学性能。采用随焊控冷法对 2060-T8 铝-锂合金进行控冷 FSW 工艺系统研究，以期实现焊接接头质量的改善。

考虑到经济性和操作性，选择水作为冷却介质对 2060-T8 铝-锂合金进行控冷 FSW 研究（图 4-13a）。焊接过程中冷却水喷头位于搅拌头后方且与其保持 15 mm 距离，冷却水以 200 mL/min 的喷射速度作用于焊缝上表面。同时，常规与控冷条件下的搅拌头旋转速度与焊接速度均相同，其值为 800 r/min 与 200 mm/min。

FSW 接头成型和显微组织演变依赖于焊接过程热循环。为探究常规和控冷 FSW 过程中温度循环差异，采用 K 型热电偶对距焊缝 6 mm 处的测温点进行温度采集。图 4-13b 为不同工艺条件下测温点温度循环曲线。控冷条件下测温点的温度峰值为 295 ℃，与常规条件相比降低 42 ℃。此外，控冷条件下温度循环曲线在冷却阶段呈现急剧下降的趋势，表明控冷工艺可缩短焊缝材料经历的高温时间。两种条件下温度循环的差异显著影响接头成型和显微组织演变。

图 4-13c 和 d 为 2060-T8 铝-锂合金常规和控冷 FSW 接头成型。在 800 r/min-200 mm/min 焊接工艺参数下，两种工艺条件均可获得成型良好且无缺陷的接头。与常规条件相比，控冷条件下接头 SZ 上部沿板厚方向的宽度较小、SZ 中部的水平宽度较大，且后退侧的 TMAZ 延伸进入 SZ 的距离相对较大。控冷 FSW 过程中，喷射在焊缝上表面的冷却水带走较多热量，降低温度峰值，使 SZ 上部材料的流动应力增大，导致 SZ 沿板厚方向的宽度较小；具有较大流动应力的 SZ 上部材料阻碍了中部材料向上流动，使得中部材料流动速度加快，从而增大 SZ 中部尺寸。

图 4-14 为 2060-T8 铝-锂合金 FSW 接头显微组织。常规和控冷 FSW 接头中部的 TMAZ 晶粒呈现出明显的拉长与弯曲的特征。FSW 过程中，右旋螺纹搅拌针逆时针旋转，带动周围材料向下流动，材料在搅拌针尖端处被释放并发生堆积；堆积的材料推动 TMAZ 材料向上流动，使得接头中部 TMAZ 的晶粒被拉长并弯曲。在控冷条件下，SZ 中部材料流动相比于常规条件更为剧烈；SZ 上部较大的流动应力可削弱上部与中部材料的交互作用，更多的材料积聚在 SZ 中部。以上两方面均使 SZ 中部对 TMAZ 材料的推力增大，导致晶粒弯曲程度变大。此外，SZ 中部剧烈的材料流动使 TMAZ 的晶粒被拉得更加细长。因此，与常规条件（图 4-14a）相比，控冷条件下 TMAZ 的晶粒更加细长，且弯曲程度更大（图 4-14d）。

SZ 组织在热循环和机械搅拌的共同作用下发生动态再结晶，表征为细小的等轴

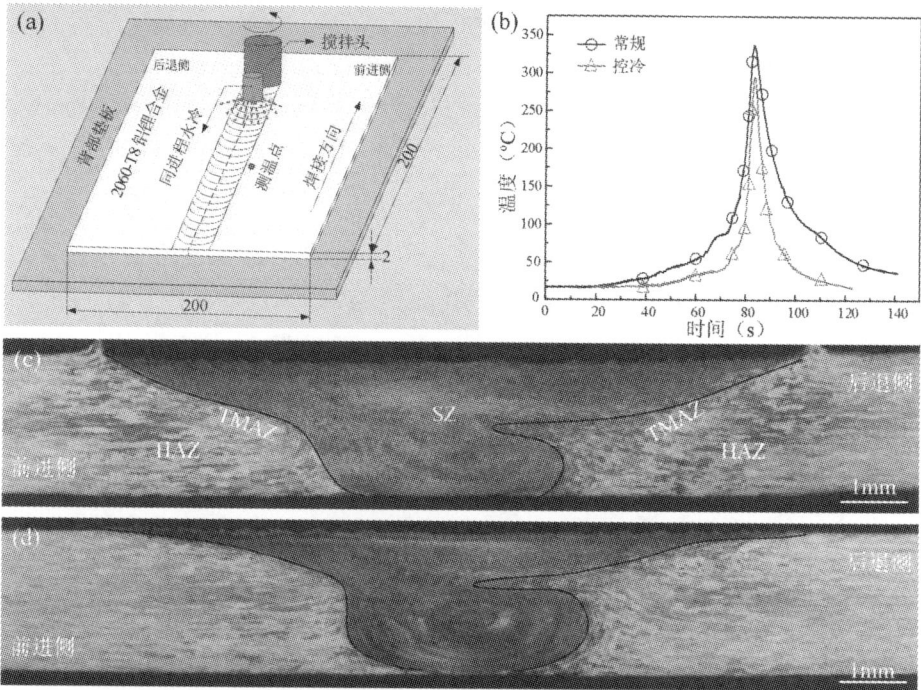

a. 控冷 FSW 过程；b. 常规和控冷工艺温度循环曲线；横截面；c. 常规；d. 控冷

图 4-13　2060-T8 Al-Li 合金常规和控冷 FSW

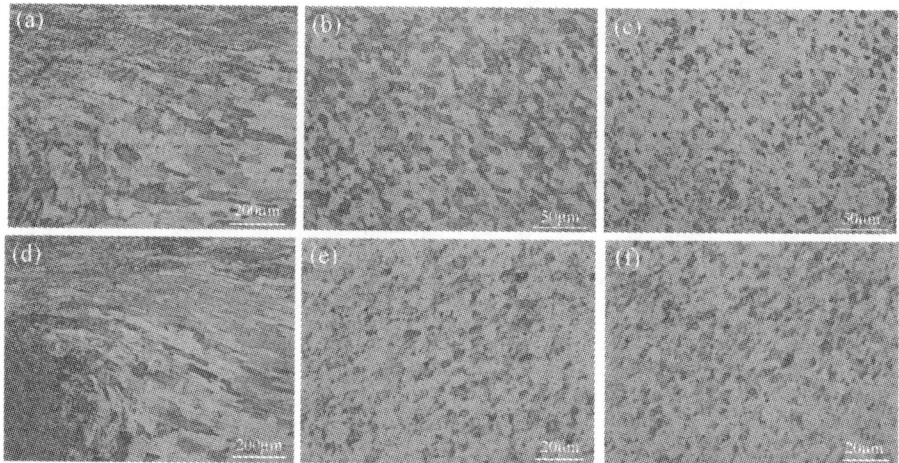

常规 FSW：a. TMAZ；b. SZ 上部；c. SZ 中部；控冷 FSW：d. TMAZ；e. SZ 上部；
f. SZ 中部

图 4-14　2060-T8 Al-Li 合金 FSW 接头显微组织

晶（图 4-14）。两种工艺条件下接头 SZ 上部晶粒的平均尺寸均明显大于中部。FSW
过程中搅拌头轴肩与被焊材料之间的摩擦产热远远大于搅拌针产热，即 SZ 上部材
料经历更高的温度环境，因此其晶粒尺寸相对较大。

　　与常规 FSW 相比，控冷 FSW 接头显微组织的尺寸与分布存在明显差异。常规

FSW 接头 SZ 上部晶粒的平均尺寸为 7.7 μm，比中部平均晶粒尺寸大 3.5 μm。尽管控冷 FSW 接头的 SZ 同样由细小的等轴晶组成，但其上部与中部的平均晶粒尺寸分别为 3.0 μm 和 2.3 μm，远小于常规 FSW 接头。控冷 FSW 接头 SZ 上部与中部的晶粒尺寸差仅为 0.7 μm，而常规 FSW 接头晶粒尺寸差高达 3.5 μm。Ai 等人[28] 认为随焊控冷可降低 SZ 的温度峰值，并增大冷却阶段的冷却速率。这与图 4-13b 中的温度循环规律相符。对于控冷 FSW，较低的温度峰值和较高的冷却速率利于减小高温区间，从而缩短晶粒的长大时间。因此，在焊缝上表面进行随焊控冷可显著减小晶粒尺寸的差异，改善显微组织沿板厚方向的均匀性。

由于 FSW 过程的热-机行为，焊接接头各区域显微组织的差异性无法避免。当焊接接头经受外部载荷时，在晶粒尺寸差异较大的边界处易发生应力集中，不利于焊接接头在实际工程应用中的服役性能。在焊缝上表面进行控冷辅助工艺是提高焊接接头服役性能的有效途径。

4.4.3　力学性能

显微组织演变行为显著影响 FSW 的接头力学性能。对在 800 r/min-200 mm/min 焊接工艺参数下获得的 2060-T8 铝-锂合金 FSW 接头进行力学性能分析，结果如图 4-15 所示。

图 4-15a 为不同工艺条件下 FSW 接头的显微硬度分布图，两种接头的显微硬度均呈 "W" 形分布。2060-T8 铝-锂合金母材的平均硬度值为 162 HV，HAZ 材料的硬度小于母材；与 TMAZ 相比，由细小等轴晶组成的 SZ 硬度值更高；硬度最小值位于后退侧 HAZ 与 TMAZ 的边界处。根据 Hall-Petch 关系式可知，接头的软化程度与晶粒尺寸有关[29]。与常规 FSW 相比，控冷 FSW 接头 SZ 的晶粒更细小（图 4-14），因此具有更高的显微硬度值。尽管冷却水只喷洒在 SZ 上表面，但 HAZ 和 TMAZ 组织均经历较低的温度峰值和较高的冷却速率。因此，控冷 FSW 接头具有较窄的软化区和较小的软化程度；控冷 FSW 接头硬度最低值为 125.3 HV，与常规 FSW 接头相比高出 3.2 HV。

图 4-15b 为不同工艺条件下 FSW 接头的拉伸性能。由于接头发生软化，常规和控冷 FSW 接头的拉伸强度和延伸率均低于母材。常规条件下，接头的最大拉伸强度和延伸率分别为 421.3 MPa 和 3.3%；控冷条件下接头的拉伸强度和延伸率分别达到 461.4 MPa 和 6.8%，远大于常规条件。随焊控冷有助于缩小软化区并降低接头软化程度，因此控冷条件下 FSW 接头的拉伸性能得以改善。

搅拌头的倾角和下压量导致 SZ 区的厚度减薄。因此，尽管 SZ 的硬度值高于 TMAZ 和 HAZ，但其在拉伸试验中仍为最薄弱区域。图 4-15c 和 d 表明两种工艺条件下接头均断裂于 SZ。两种接头的断裂表面均由各种尺寸的韧窝构成，表明常规和控冷 FSW 接头均呈韧性断裂（图 4-15e 和 f）。与常规 FSW 接头相比，控冷 FSW 接头断裂表面的韧窝深度更大，说明其具有较好的韧性。一般而言，较高的延伸率往往反映较好的韧性，因此断裂表面形貌观察结果与拉伸试验测试数据相吻合。

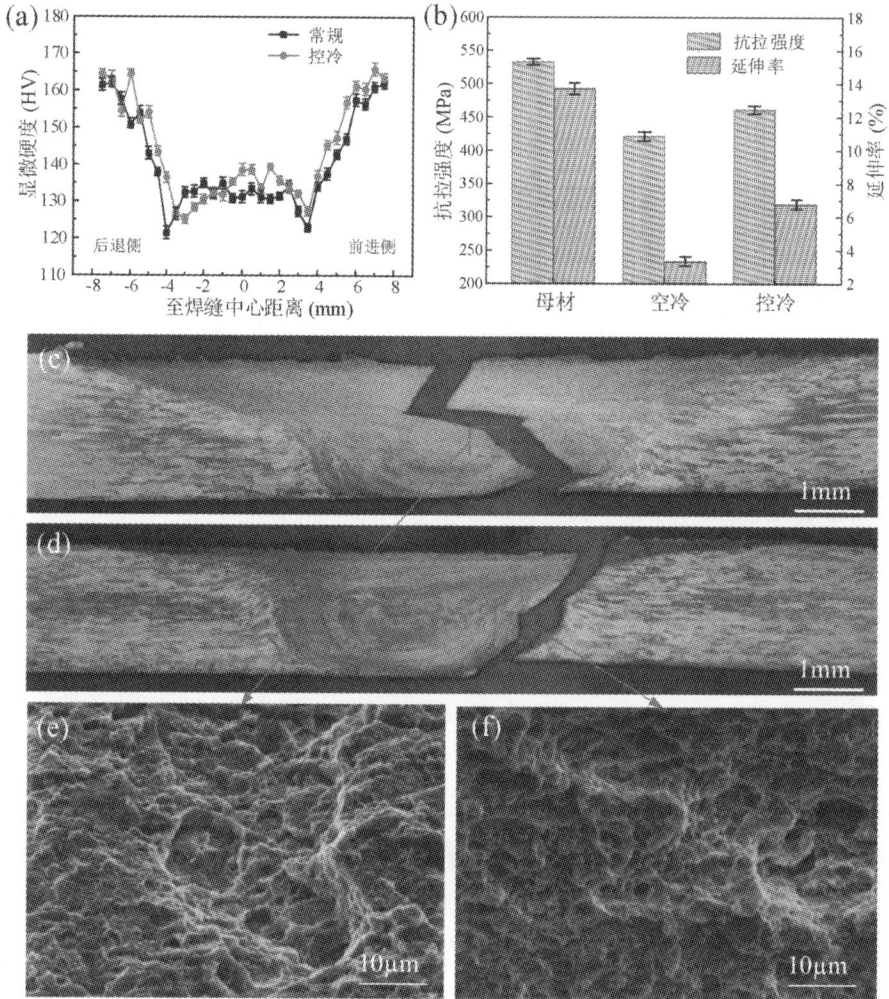

a. 显微硬度分布；b. 拉伸性能；断裂位置；c. 常规；d. 控冷；断裂表面形貌；
e. 常规；f. 控冷

图4-15　不同冷却工艺下FSW接头力学性能

综上，控冷工艺可显著改善2060-T8铝-锂合金FSW接头的宏/微观成型和力学性能，具体包括：细化晶粒、均匀化沿板厚显微组织、缩小软化区宽度、降低接头软化程度，进而显著提升接头拉伸性能。

4.5　本章小结

本章为解决特定材料常规FSW技术存在的问题，对超声辅助、背部辅热和控冷3种复合能场FSW技术进行系统的研究；阐释了超声复合能场促流、强振动和空化效用对于改善焊接接头成型和提高界面连接强度的作用机制；明确了背部辅热工艺改善 TC4 钛合金接头成型的作用机制，为拓宽 TC4 钛合金 FSW 的工艺参数范围提供了一条有效途径；分析了控冷工艺对于控制 FSW 接头应力与变形，以及改善接头显微组织演变与力学性能的积极效用。本章关于复合能场 FSW 技术的研究可为拓宽FSW 技术的工程应用提供理论基础。

参考文献

［1］ Sagheer-Abbasi Y, Ikramullah-Butt S, Hussain G, et al. Optimization of parameters for micro friction stir welding of aluminum 5052 using Taguchi technique［J］. International Journal of Advanced Manufacturing Technology, 2019, 102: 369-378.

［2］ Ji S, Wang Y, Zhang J, et al. Influence of rotating speed on microstructure and peel strength of friction spot welded 2024-T4 aluminum alloy［J］. International Journal of Advanced Manufacturing Technology, 2016, 90 (1-4): 717-723.

［3］ Lotfi A H, Nourouzi S. Predictions of the optimized friction stir welding processparameters for joining AA7075-T6 aluminum alloy using preheating system［J］. International Journal of Advanced Manufacturing Technology, 2014, 73 (9-12): 1717-1737.

［4］ Zhong Y, Wu C, Padhy G. Effect of ultrasonic vibration on welding load, temperature and material flow in friction stir welding［J］. Journal of Materials Processing Technology, 2017, 239: 273-283.

［5］ Ji S, Niu S, Liu J, et al. Friction stir lap welding of Al to Mg assisted by ultrasound and a Zn interlayer ［J］. Journal of Materials Processing Technology, 2019, 267: 141-151.

［6］ 姬书得, 王琳, 黄青松. Ti6Al4V 钛合金背部加热辅助搅拌摩擦焊的温度场研究［J］. 2014, 43 (17): 217-222.

［7］ Wahid M A, Khan Z A, Siddiquee A N. Review on underwater friction stir welding: A variant of friction stir welding with great potential of improving joint properties［J］. Transactions of Nonferrous Metals Society of China, 2018, 28 (2): 193-219.

［8］ Ji S, Meng X, Liu Z, et al. Dissimilar friction stir welding of 6061 aluminum alloy and AZ31 magnesium alloy assisted with ultrasonic［J］. Materials Letters, 2017, 201: 173-176.

［9］ 曹凤国. 超声加工技术［M］. 化学工业出版社, 2005.

［10］ Ma Z, Jin Y, Ji S, et al. A general strategy for the reliable joining of 铝/钛 dissimilar alloys via ultrasonic assisted friction stir welding［J］. Journal of Materials Science & Technology, 2019, 35 (1): 94-99.

［11］ Song Z, Nakata K, Wu A, et al. Influence of probe offset distance on interfacial microstructure and mechanical properties of friction stir butt welded joint of Ti6Al4V and A6061 dissimilar alloys［J］. Materials & Design, 2014, 57: 269-278.

［12］ Bang H, Bang H, Song H, et al. Jointproperties of dissimilar Al6061-T6 aluminum alloy/Ti-6%Al-4%V titanium alloy by gas tungsten arc welding assisted hybrid friction stir welding［J］. Materials & Design, 2013, 51: 544-551.

［13］ Song Z, Nakata K, Wu A, et al. Influence of probe offset distance on interfacial microstructure and mechanical properties of friction stir butt welded joint of Ti6Al4V and A6061 dissimilar alloys［J］. Materials & Design, 2014, 57: 269-278.

[14] Ji S, Li Z, Ma L, et al. Investigation of ultrasonic assisted friction stir spot weldingof magnesium alloy to aluminum alloy [J]. Strength of Materials, 2016, 48 (1): 2-7.

[15] Yao W, Wu A, Zou G, et al. Formation process of the bonding joint in Ti/Al diffusion bonding [J]. Materials Science & Engineering: A, 2008, 480 (1-2): 456-463.

[16] Song Z, Nakata K, Wu A, et al. Influence of probe offset distance on interfacial microstructure and mechanical properties of friction stir butt welded joint of Ti6Al4V and A6061 dissimilar alloys [J]. Materials & Design, 2014, 57: 269-278.

[17] Ji S, Niu S, Liu J. Dissimilar Al/Mg alloys friction stir lap welding with Zn foil assisted by ultrasonic [J]. Journal of Materials Science & Technology, 2019, 35: 1712-1718.

[18] Liu Z, Yang K, Ji S. Reducing intermetallic compounds of Mg/Al joint in friction stir lap welding [J]. Journal of Materials Engineering and Performance, 2018, 27 (11): 5605-5612.

[19] Sato Y S, Park S H C, Michiuchi M, et al. Constitutional liquation during dissimilar friction stir welding of Al and Mg alloys [J]. Scripta Materialia, 2004, 50 (9): 1233-1236.

[20] Firouzdor V, Kou S. Formation of liquid and intermetallics in Al-to-Mg friction stir welding [J]. Metallurgical and Materials Transactions A (Physical Metallurgy and Materials Science), 2010, 41 (12): 3238-3251.

[21] Ji S, Li Z, Wang Y, et al. Joint formation and mechanical properties ofback heating assisted friction stir welded Ti-6Al-4V alloy [J]. Materials & Design, 2017, 113: 37-46.

[22] Yue Y, Wen Q, Ji S, et al. Effect of temperature field on formation of friction stir welding joints of Ti-6Al-4V titanium alloy [J]. High Temperature Materials and Processes, 2017, 36 (7): 733-739.

[23] Ji S, Li Z, Zhang L, et al. Eliminating the tearing defect in Ti-6Al-4V alloy joint by back heating assisted friction stir welding [J]. Materials Letters, 2017, 188: 21-24.

[24] Liu H, Li Z. Microstructural zones and tensile characteristics of friction stir welded joint of TC4 titanium alloy [J]. Transactions of Nonferrous Metals Society of China, 2010, 20 (10): 1873-1878.

[25] Liu Z, Wang Y, Ji S, et al. Effects of intense cooling on microstructure and properties of friction-stir-welded Ti-6Al-4V alloy [J]. Materials Science and Technology, 2018, 34 (2): 209-219.

[26] Wen Q, Ji S, Zhang L, et al. Temperature, stress and distortion of Ti-6Al-4V alloy low-temperature friction stir welding assisted by trailing intensive cooling [J]. Transactions of the Indian Institute of Metals, 2018, 71 (12): 3003-3009.

[27] Ji S, Yang Z, Wen Q, et al. Effect of trailing intensive cooling on residual stress and welding distortion of friction stir welded 2060 Al-Li alloy [J]. High Temperature Materials and Processes, 2018, 37 (5): 397-403.

[28] Ai X, Yue Y. Microstructure and mechanical properties of friction stir processed A356 cast Al under air cooling and water cooling [J]. High Temperature Materials and Processes, 2018, 37 (7): 693-699.

[29] Liu Z, Wang Y, Yang K, et al. Microstructure and mechanical properties of rapidly cooled friction stir welded Ti-6Al-4V alloys [J]. Journal of Materials Engineering and Performance, 2018, 27 (8): 4244-4252.

5 异种材料搅拌摩擦焊

异种材料复合构件被广泛应用于包括航空航天在内的诸多制造业（如汽车、船舶等），不仅可满足构件的使用性能需求，且在降低成本的同时充分发挥异种材料各自的优良性能。然而，物理化学性质的差异导致异种材料的可焊性较差，获得高质量焊接接头较为困难，在一定程度上阻碍异种材料复合构件的工程应用。FSW 作为一种低热输入的固相连接技术，已被证明可缓解或解决异种材料传统熔化焊过程中存在的热缺陷问题，易获得高质的焊接接头。

晶格的类型和数量、原子的半径以及外层电子结构的差异影响异种材料的"冶金学相容性"；两种材料在冶金上是否相容，取决于二者在液态和固态时的互溶性以及在焊接过程中能否产生新的 IMC。根据焊接冶金行为的剧烈程度，异种材料 FSW 可大致分为 3 类：无冶金体系、中等冶金体系和剧烈冶金体系。无冶金异种材料 FSW 是指在焊接过程中异种材料未发生冶金反应，接头结合仅依靠于机械连接或轻微的键合反应，如金属/热塑性塑料 FSW。中等冶金异种材料 FSW 是指在焊接过程中冶金反应程度较低，"冶金学相容性"较好，接头材料之间的相互作用多以扩散反应为主，而未生成新的反应相，如异种铝合金 FSW。对于剧烈冶金异种材料 FSW 而言，两种材料的"冶金学相容性"较差，接头中除发生扩散反应外，通常最直观的表征为生成大量 IMC。常见的剧烈冶金体系包括铝/镁、铝/钛和铝/铜等异种合金材料。

本章主要针对中等冶金体系异种铝合金、剧烈冶金体系铝/镁和铝/钛等异种材料 FSW 进行系统研究，并寻求解决其焊接关键问题的合适工艺方法，以期为扩宽异种材料 FSW 技术工程应用范围提供理论支撑与技术支持。

5.1 异种铝合金搅拌摩擦搭接焊

对于中等冶金体系的异种铝合金 FSW，材料性能的差异导致接头配置形式显著影响接头的成型、力学性能。比如，对于对接接头，流动性好的铝合金放置于前进侧更易获得成型良好的 FSW 接头。相比于对接接头，搭接接头 SZ 内异材的混合程度较小且其承载能力很大程度上受裂纹扩展路径的影响。因此，课题组认为搭接接头的配置形式对接头的承载能力影响更大。本节主要以异种铝合金的 FSLW 为对象进行介绍。选用 3 mm 厚 7075-T6 和 2024-T3 两种铝合金作为母材进行不同搭接配置的 FSLW 研究（图 5-1）。两种搭接配置分别为 7075-T6/2024-T3（7075-T6 铝合金作为上板）和 2024-T3/7075-T6（2024-T3 铝合金作为上板）。

600 r/min-90 mm/min 焊接工艺参数下两种搭接配置接头均成型良好且无内部缺陷（图 5-1a 和 b）。试验所用搅拌头针长为 4 mm，明显超出上板板厚，因此两种接头均于前进侧和后退侧分别形成钩状结构和冷搭接。与 7075-T6/2024-T3 相比，2024-T3/7075-T6 焊接过程中搅拌针与 7075-T6 铝合金母材的摩擦产热更大，焊核周围材料的塑化程度相对更高；当受到来自搅拌针尖端释放材料的挤压作用时，SZ外围的塑化材料更易向上迁移，导致搭接界面向上弯曲程度更大。因此，在相同焊接工艺参数下，2024-T3/7075-T6 配置接头具有较小的 EST。

图 5-1d 为两种搭接配置接头拉剪载荷-位移曲线，7075-T6 Al 合金作为上板配置时，接头具有较高的拉剪性能。7075-T6/2024-T3 配置接头拉剪载荷相比 2024-T3/7075-T6 接头提高近 3 kN，且接头韧性显著提升。两种配置接头均为拉伸断裂模式，但呈现不同的断裂路径：7075-T6/2024-T3 接头裂纹起始于前进侧钩状结构尖端，而后远离 SZ 并沿 HAZ 和 TMAZ 的边界向接头下表面扩展（图 5-1e）；2024-T3/7075-T6 接头裂纹于后退侧冷搭接尖端萌生，而后沿 SZ 与 TMAZ 的边界向接头上表面扩展（图 5-1f）。

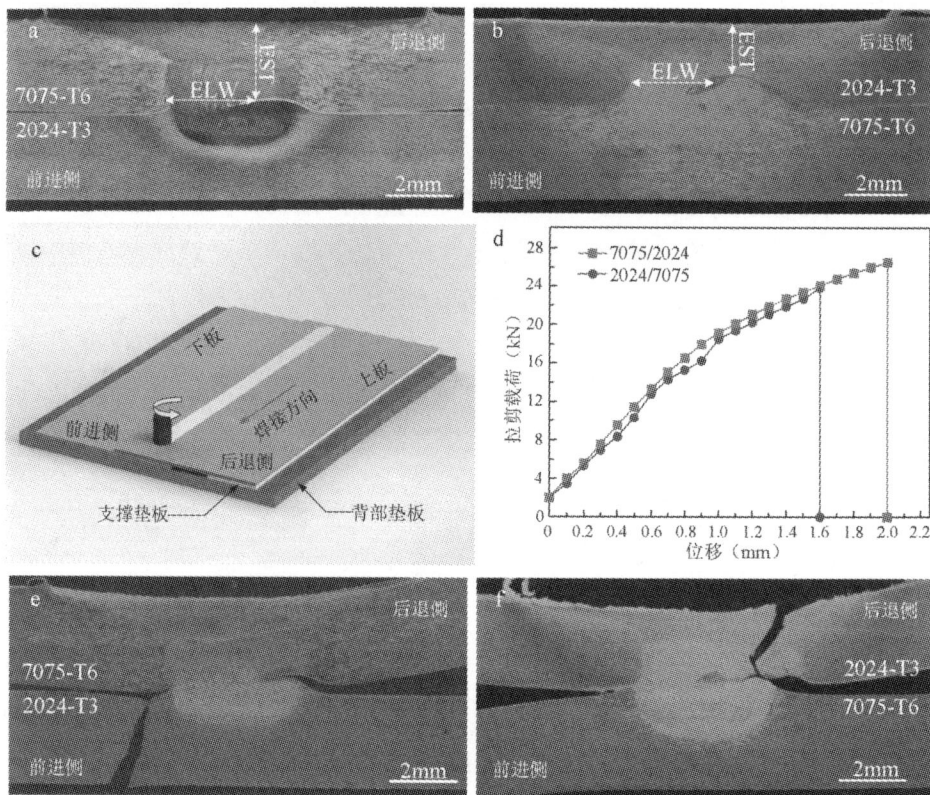

横截面形貌：a. 7075-T6/2024-T3；b. 2024-T3/7075-T6 配置；c. 焊接过程示意图；
d. 接头载荷位移曲线；接头断裂位置；e. 7075-T6/2024-T3；f. 2024-T3/7075-T6 配置
图 5-1 异种 Al 合金 FSLW 接头质量[1]

对于热处理强化铝合金，FSW 接头 SZ、TMAZ 和 HAZ 内的沉淀相因热循环发生溶解–再析出，造成硬度值降低[2]；相较于 TMAZ 和 HAZ，SZ 的硬度值降低程度较小。与 2024-T3 合金相比，7075-T6 合金具有更高的硬度值，因此 7075-T6 合金 SZ 的硬度值高于 2024-T3 合金 TMAZ 和 HAZ。其次，2024-T3/7075-T6 接头 EST 较小，导致接头后退侧上板承载面积较小。上述多种因素导致两种搭接配置接头的断裂路径不同。

综上，对于异种铝合金，具有较高硬度值的材料作为上板配置时 FSLW 接头成型较好，具有较大的 ELW 和 EST，有助于获得较高的拉剪性能。

5.2　铝/镁异种材料搅拌摩擦焊

除具有密度小、比强度高和循环利用性好等共同优势外，铝合金的高抗蠕变性和镁合金的高减震性等特殊优势推动了铝/镁复合构件在航空航天领域的应用。尽管连接技术的发展趋势为"以焊代铆"，但目前航空航天领域铝/镁复合构件的制备仍以铆接为主，这主要与铝/镁异种材料可焊性差有关。

铝/镁异种金属熔点相差较小，但铝和镁较低的熔点、较高的比热容、热导率、线膨胀系数导致传统熔焊接头中易产生气孔、夹杂、热裂纹、元素烧损和接头软化等问题。尽管铝和镁的原子序列相邻，原子量和原子半径相差较小，但镁的晶格为密排六方结构而铝为面心立方结构，晶格结构的差异导致铝和镁的"冶金学相容性"较差。铝-镁二元平衡相图（图 5-2）表明，铝和镁在液相时可实现无限互溶；在冷却过程中，铝-镁共晶反应 L→（Mg）+γ（$Al_{12}Mg_{17}$）和 L→（Al）+β（Al_3Mg_2）分别在 450 ℃ 和 437 ℃ 发生。γ（$Al_{12}Mg_{17}$）和 β（Al_3Mg_2）属于脆硬的 IMC，是导致铝/镁异材传统熔焊接头性能恶化的关键因素之一。

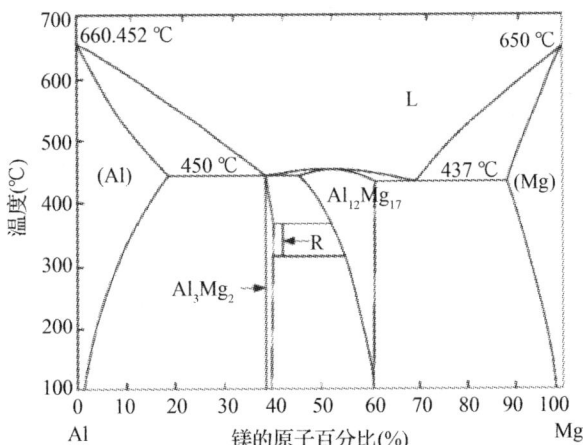

图 5-2　铝-镁二元平衡相图

作为一种先进的固相连接技术，FSW 已被证明可解决铝/镁异种材料传统熔化焊接头的热缺陷问题,但铝-镁 IMC 仍无法避免。因此,铝-镁 IMC 成为限制 FSW 技术在铝/镁异种材料复合结构实际工程应用的关键。

5.2.1　常规工艺关键问题

对于铝/镁异种材料 FSW,搅拌头黏着问题是影响接头质量的关键因素之一。Yan 等人[3]研究表明,搅拌针表面黏着的材料主要为 Al_3Mg_2 和 $Al_{12}Mg_{17}$。焊接过程中热输入较高时,大量黏着于搅拌针表面的 IMC 使螺纹消失(图 5-3a);图 5-3b 为此时的 SZ 内材料流动规律,尽管无螺纹锥形针仍可驱使塑化材料发生流动,但不利于其由前进侧向后退侧转移,且难以获得在垂直方向上良好的流动行为;较多塑化材料易溢出焊缝形成大尺寸飞边,致使 SZ 材料减少(图 5-3c)。上述原因使铝/镁异种材料 FSW 接头中易形成孔洞缺陷(图 5-3d)。当然,对于对接接头,焊核内铝与镁基体剧烈混合,形成了复杂的机械互锁;机械互锁可影响断裂路径的长度等,是决定焊接接头承载能力的重要因素。

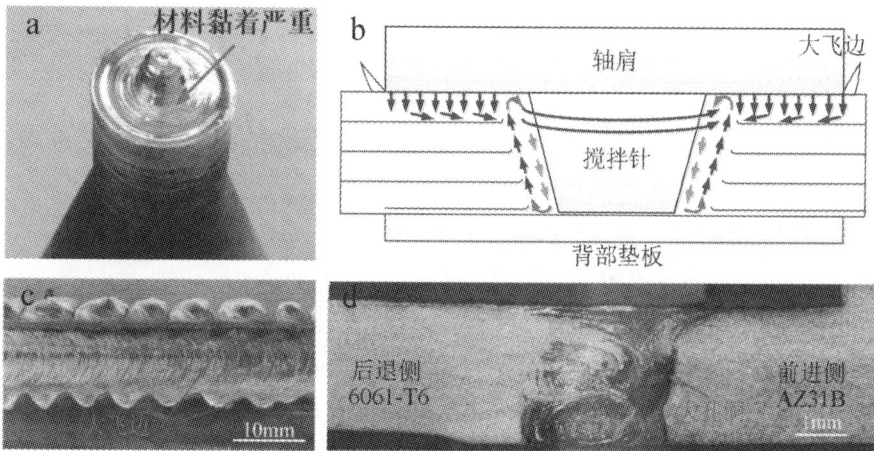

a. 黏着的搅拌头实物;b. 黏着搅拌头驱动材料流动;c. 焊缝表面成型;d. 对接接头横截面

图 5-3　Al/Mg 异种材料 FSW 关键问题[4]

对于铝/镁异种材料 FSLW,除搅拌头黏着、大尺寸飞边等问题外,搭接配置显著影响接头质量。图 5-4a 和 d 表明铝/镁(铝为上板)和镁/铝(镁为上板)两种配置下 FSLW 接头成型存在明显差异。在铝/镁配置接头中,存在以钩状结构尖端为起点延伸进入焊核的黑色薄层(图 5-4b)。EDS 结果表明,此黑色薄层主要由铝/镁 IMC 组成(图 5-4c)。此外,无镁基体进入 SZ,铝/镁基体的边界清晰且平滑(图 5-4a),即接头中未形成有效的机械互锁。铝/镁配置接头拉伸断裂路径表明,裂纹主要沿铝/镁基体界面扩展最终导致断裂(图 5-4g)。

图 5-4d 为镁/铝配置下 FSLW 接头横截面形貌,接头内部成型良好无缺陷。与铝/镁配置不同,在镁/铝配置接头中未发现以钩状结构尖端为起点延伸进入 SZ 的

IMC 薄层；SZ 内铝基体与镁基体交错分布，且 SZ 与 TMAZ 在下板中的边界弯曲复杂，即接头形成机械互锁。然而，后退侧形成的冷搭接尺寸较大且延伸进入 SZ，极大地减小接头 ELW 和 EST。镁/铝配置接头存在两条断裂路径（图 5-4h）：（1）裂纹沿 SZ 与 TMAZ 在下板中的边界扩展；（2）裂纹自冷搭接尖端向焊缝上表面延伸。因此，接头机械互锁程度、ELW 和 EST 是影响铝/镁异种材料搭接接头力学性能的关键因素。

图 5-4（e）为铝/镁异种材料 FSLW 接头显微组织，SZ 与 TMAZ 在下板中的边界附近存在呈连续分布的絮状和条带状的灰色组织。图 5-4f 中 XRD 结果表明，界面附近存在 $Al_{12}Mg_{17}$ 和 Al_3Mg_2 IMC。边界上呈连续分布的脆硬 IMC 有利于裂纹的扩展，严重降低接头的力学性能。

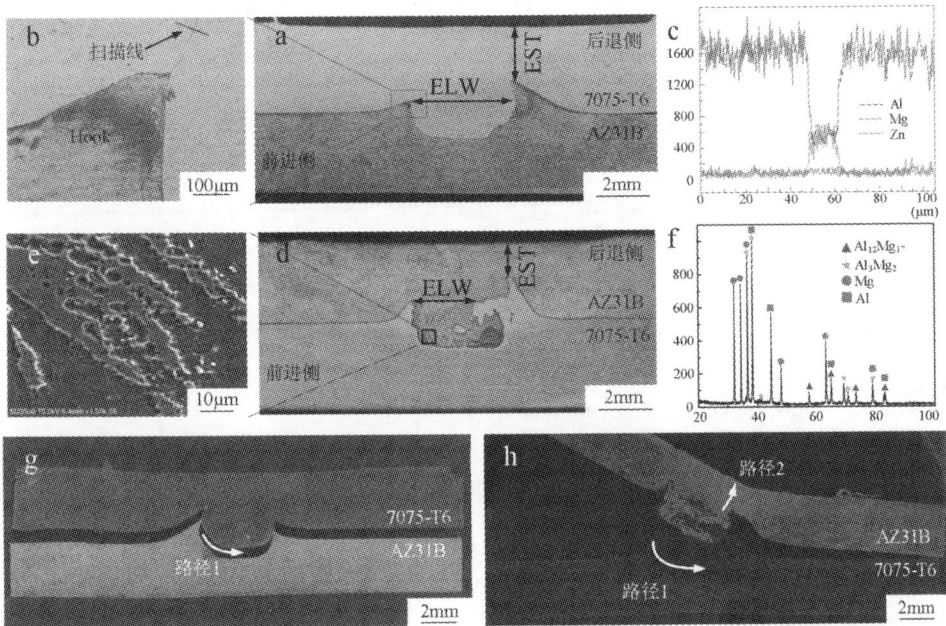

铝/镁接头：a. 横截面；b. 钩状结构；c. EDS 结果；镁/铝接头；d. 横截面；e. IMC；f. XRD 分析；接头断裂路径；g. 铝/镁；h. 镁/铝

图 5-4 铝/镁异种材料 FSLW 关键问题[5]

综上，对于铝/镁异种材料 FSW 而言，提高对接/搭接接头质量的关键因素包括：①缓解搅拌头黏着；②增强接头机械互锁程度；③增长接头裂纹扩展路径；④削弱 IMC 产生的不利影响。基于此，课题组对焊接工艺方法进行优化设计，以期解决铝/镁异种材料 FSW 技术存在的诸多关键问题，从而获得高质量的焊接接头。

5.2.2 超声-静止轴肩搅拌摩擦焊

由第 3 章内容可知，SSFSW 是常规 FSW 的一种改型技术，其搅拌工具系统包括外部静止轴肩和内部旋转搅拌头。在 SSFSW 过程中，静止轴肩的吸热效应有望减轻搅拌头黏着；促流作用有望促进异种材料的交互，改善接头内部材料流动行为；增压作用对焊接接头施加额外顶锻力，有望促进焊接接头界面处的固态焊合。综上，静止轴肩辅助工艺对铝/镁异种材料 FSW 接头成型和 IMC 的控制具有积极作用（图 5-5）。

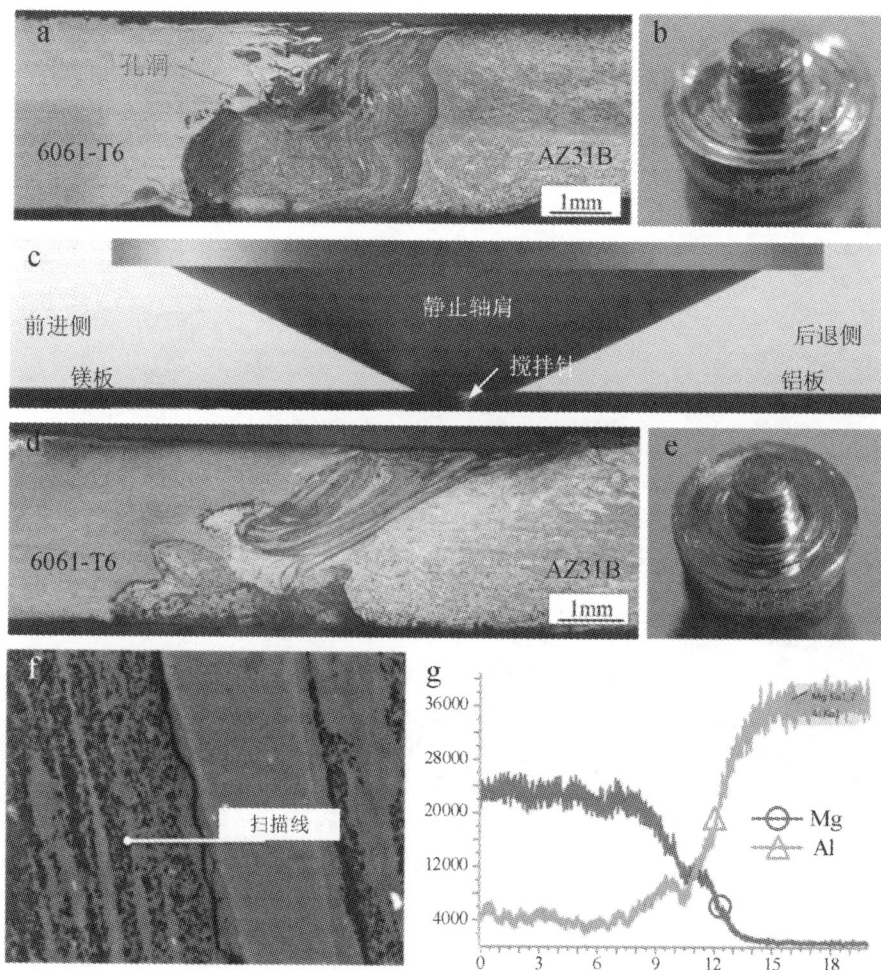

常规 FSW：a. 横截面形貌；b. 搅拌针黏着；c. SSFSW 工艺过程；SSFSW；d. 横截面形貌；e. 搅拌针黏着；f. 接头显微组织；g. 界面 EDS 结果

图 5-5　铝/镁异种材料常规 FSW 和 SSFSW[6]

图 5-5c 为 6061-T6 铝/AZ31B 镁异种材料 SSFSW 过程示意图。常规 FSW 接头内部存在孔洞缺陷（图 5-5a），这可能与大尺寸飞边导致 SZ 内塑化材料不足以及搅拌头严重黏着有关。在 FSW 过程中，较高的热输入有利于改善塑化材料流动行为。然而，对于铝/镁异种材料，高热输入可产生较多的铝/镁 IMC，加重搅拌头黏着；严重黏着的搅拌头致使焊缝材料流动行为变差，最终导致接头内部形成孔洞缺陷。与常规 FSW 相比，静止轴肩可显著降低焊接温度峰值并收缩高温区范围，有利于减

少 IMC 的生成，因此搅拌头黏着得到缓解，轴肩形貌清晰且搅拌针仍呈现标准锥形（图 5-5e）；黏着较轻的搅拌头有助于改善 SZ 内材料流动行为，加之静止轴肩作用下焊缝几乎无材料溢出，从而孔洞缺陷得以消除（图 5-5d）。孔洞缺陷的存在不仅导致接头承载面积减小，且由于应力集中易成为裂纹源，严重影响接头力学性能。

图 5-5f 为 SSFSW 接头的铝/镁界面显微组织。界面处存在灰白色的夹层，且其厚度小于 5 μm。EDS 线扫描结果（图 5-5g）显示，接头界面处形成铝/镁 IMC。Zhao 等人[7]的研究也认为铝/镁基体间的白色夹层为 IMC。Fu 等人[8]对 6061-T6 铝/AZ31B 镁合金常规 FSW 的研究表明，当采用 700 r/min-50 mm/min 焊接工艺参数时界面处 IMC 层厚度约为 5 μm。本研究所用工艺参数为 1 200 r/min-40 mm/min，但 IMC 层厚度与 Fu 等人[8]的研究相比较小。这主要是由于静止轴肩的吸热效用使焊接过程中温度峰值降低以及冷却速率增大，使 IMC 生长的速率变低且时间减少，利于界面处 IMC 层厚度减小。

由 4.1 节研究结果可知：施加超声复合能场可显著改善焊缝材料流动行为，增强界面复杂程度（机械互锁）；促进原子扩散行为，增强冶金结合；超声的空化效应可显著影响接头显微组织演变行为。因此，静止轴肩和超声两种辅助工艺的复合有望充分发挥其各自优势，实现铝/镁异种材料 FSW 接头质量的较大提升。图 5-6a 为超声-静止轴肩复合辅助搅拌摩擦焊（Ultrasound assisted-SSFSW，UA-SSFSW）过程。由于具有密排六方晶格结构的镁合金存在滑移系数小的局限，超声施加于镁合金试板下表面以更有效地改善材料流动行为。

（1）低热输入下 UA-SSFSW 接头质量

低热输入下分别进行 6061-T6 铝/AZ31B 镁常规 FSW 和 UA-SSFSW 试验，获得的接头横截面形貌分别见图 5-6b 和 c。当采用 1 000 r/min-80 mm/min 焊接工艺参数时热输入过低，焊缝材料流动性过差，接头难以成型且易发生搅拌针折断问题。当焊速减小至 70 mm/min 时可实现焊接接头成型；由于热输入仍较低，材料流动不充分，自前进侧被转移至后退侧的塑化材料不足以完全填充搅拌针前进所留下的空腔，接头内部前进侧形成大尺寸孔洞缺陷（图 5-6b）；接头在承受外部载荷时极易在缺陷处产生应力集中从而萌生裂纹，裂纹沿前进侧铝/镁基体界面处的脆硬 IMC 层快速扩展，最终导致接头在前进侧铝/镁界面处发生断裂（图 5-6d）。

超声-静止轴肩复合辅助工艺下，1 000 r/min-80 mm/min 的焊接工艺参数组合可实现接头成型，在焊接过程中搅拌针未发生断针且焊缝表面无大面积沟槽缺陷。超声的引入为焊接过程提供额外能量，其热效应有利于增加焊接热输入，且促流和强振动效用有助于改善材料塑性流变行为，加之静止轴肩的促流效用共同削弱由低热输入产生的不利影响。

低热输入下超声能量对焊接接头质量影响显著；采用 600 W、1 000 W、1 400 W 和 1 600 W 4 种超声能量进行试验，其接头成型和拉伸性能存在明显差异。600 W 和

1 000 W 的超声功率和振幅较小，焊缝材料受超声作用较弱，其流动不充分导致接头底部存在孔洞缺陷。当超声能量增大至 1 400 W 和 1 800 W 时，超声热效、促流和强振动效应显著增强，焊缝内材料流动和分子运动加剧，使得接头无内部缺陷。UA-SSFSW 接头仅后退侧存在铝/镁界面，其在 1 400 W 超声能量下长度增加且路径变复杂（图 5-6c），接头拉伸性能达到最优（图 5-6c 和 f）。UA-SSFSW 接头拉伸断口的 XRD 分析结果（图 5-6g）显示，两侧断口主要包括铝固溶体、镁固溶体、$Al_{12}Mg_{17}$ 和 Al_3Mg_2。接头承受外部载荷时，铝/镁界面处脆硬的 IMC 难以发生塑性变形产生应力集中，引起微裂纹。因此，UA-SSFSW 接头断裂于界面 IMC 层位置（图 5-6e）。

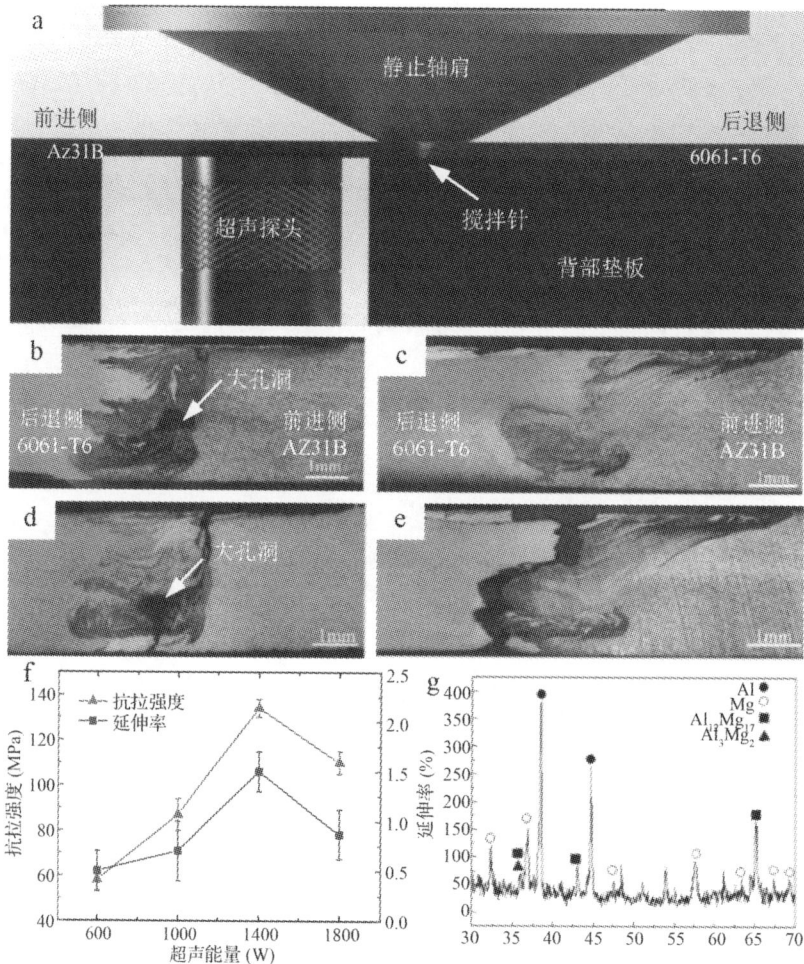

a. UA-SSFSW 工艺示意图；横截面；b. 常规 FSW；c. UA-SSFSW；断裂位置；d. 常规 FSW；e. UA-SSFSW；UA-SSFSW 接头；f. 拉伸性能；g. 断裂表面 XRD 结果

图 5-6 低热输入下铝/镁异种材料常规 FSW 和 UA-SSFSW[9]

综上，超声-静止轴肩复合辅助工艺可改善焊核内部材料流动行为和原子扩散程度，消除常规工艺由材料流动行为较差导致的内部缺陷，从而实现铝/镁异种材料的低温高质量焊接。

（2）中热输入下 UA-SSFSW 接头质量

图 5-7 为中热输入（1 000 r/min-60 mm/min）下 SSFSW 和 UA-SSFSW 接头成型及拉伸性能。两种焊接工艺接头均成型良好，且接头减薄量较小。中热输入下焊缝材料塑化程度较高，但静止轴肩可阻止其溢出焊缝形成飞边，因此接头近乎无减薄，这对于接头力学性能的提升具有积极作用。

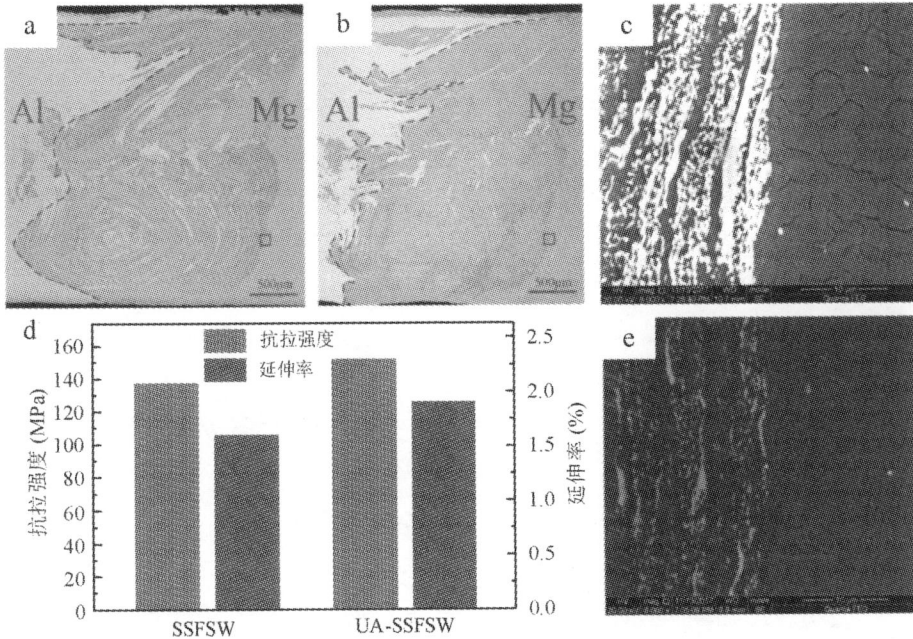

接头横截面：a. SSFSW；b. UA-SSFSW；接头前进侧界面；c. SSFSW；
d. 拉伸性能；e. UA-SSFSW

图 5-7　中热输入下铝/镁异种材料 SSFSW 和 UA-SSFSW 接头质量[10]

与低热输入接头不同，中热输入下两种焊接工艺接头在前进侧和后退侧均形成铝/镁界面；与 SSFSW 接头相比，UA-SSFSW 接头前进侧铝/镁界面较不明显，而后退侧界面较为复杂（图 5-7a 和 b）。图 5-7c 和 e 为两接头前进侧 SZ 与 TMAZ 界面处显微组织。SSFSW 过程中临近 TMAZ 的铝/镁界面发生原子扩散，形成连续的 IMC 层；超声的强振动和空化效用可将界面处 IMC 层击碎，因此与 SSFSW 接头相比（图 5-7c），UA-SSFSW 接头铝/镁界面处 IMC 更为细小且不连续（图 5-7e）。图 5-7d 为中热输入下两种工艺所获接头的拉伸性能，超声的施加使接头拉伸性能得到显著提升。UA-SSFSW 接头拉伸强度和延伸率分别达到 152.4 MPa 和 1.9%，与 SSFSW 接头相比增大 17 MPa 和 0.8%。与 1400W 超声能量下低热输入接头（图 5-6f）相比，中热输入下 UA-SSFSW 接头拉伸强度和延伸率分别提高 20MPa 和 0.3%。

图 5-8a 和 b 为有无超声作用下中热输入接头的断裂位置，其断裂规律与低热输入接头相反（图 5-6d 和 e）。由于连续的 IMC 层，SSFSW 接头断裂于前进侧临近

TMAZ 的 Al/Mg 界面处。UA-SSFSW 接头前进侧铝/镁界面为 IMC 碎片与铝、镁固溶体组成的混合组织，在一定程度上可减缓裂纹的扩展速度。因此，UA-SSFSW 接头断裂于后退侧铝/镁界面处。各种尺寸的韧窝存在于断口上部（图 5-8e），表明 UA-SSFSW 接头上部呈韧性断裂，该结果归因于接头上部断裂路径贯穿铝合金基体；铝/镁界面处脆硬 IMC 导致接头中部呈准解理断裂（图 5-8f）。因此，UA-SSF-SW 接头整体呈混合断裂模式。

中热输入下两种工艺接头在前进侧和后退侧均存在铝/镁界面（图 5-8c 和 d），接头断裂路径主要与界面 IMC 层长度有关。两接头后退侧铝/镁界面长度 L 均明显大于前进侧界面 L'。对于无超声作用接头，较大拉伸载荷下前进侧界面较短的 IMC 层（L'）承载能力低于后退侧界面（L），导致 SSFSW 接头断裂于前进侧铝/镁界面处（图 5-8a）。对于 UA-SSFSW 接头来说，前进侧铝/镁界面处由固溶体与不连续的 IMC 碎片组成的混合组织（图 5-7e）可在一定程度上阻止裂纹的扩展，因此前进侧铝/镁界面承载能力间接得到提高；后退侧界面铝和镁原子充足，剧烈的原子扩散更易形成源发液相，IMC 源源不断地大量生成，此时超声较难破碎 IMC 层。因此，UA-SSFSW 接头断裂于后退侧铝/镁界面处。

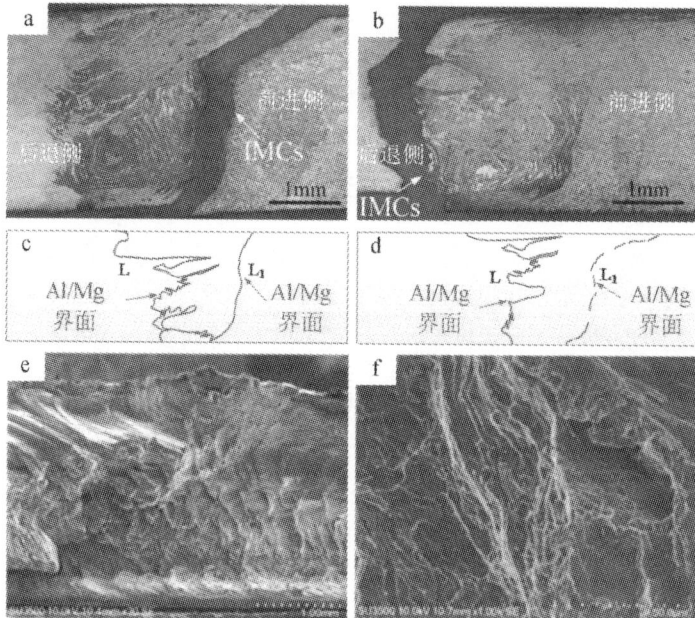

断裂位置：a. SSFSW；b. UA-SSFSW；界面形貌：c. SSFSW；
d. UA-SSFSW；UA-SSFSW 接头的断口形貌；e. 接头整体；
f. 接头中部

图 5-8　中热输入铝/镁异种材料 SSFSW 和 UA-SSFSW 拉伸接头断裂规律[10]

（3）高热输入下 UA-SSFSW 接头质量

高热输入（低焊速）下焊缝经历的温度峰值更高且高温持续时间更长，铝/镁异种材料更易产生源发液相，因此常规 FSW 接头内形成大量 IMC。然而，液相增多时超声声流和空化效应的作用强度也随之增大，更有助于改善接头成型和显微组织演变。因此，高热输入和超声的综合作用效果值得进行深入的研究。

图 5-9a 和 b 为高热输入（1 000 r/min-30 mm/min）下 6061-T6 铝/AZ31B 镁异种材料 SSFSW 和 UA-SSFSW（功率为 1000 W）焊缝表面成型。不同于第 3 章中 SSFSW 焊缝表面成型，图 5-9a 中静止轴肩作用下焊缝表面虽未形成飞边，但仍存在表面弧纹。这是由于高热输入下 FSW 过程中形成大量 IMC，使搅拌头轴肩和搅拌针根部发生黏着（图 5-9c），导致内部旋转轴肩相较于外部静止轴肩轻微凸起，最终在搅拌头前进过程中产生少量弧纹。此外，尽管高热输入下材料流动应力较小，但搅拌针的黏着导致其对材料的驱动能力减弱，因此接头内部存在孔洞缺陷（图 5-10a）。

超声的施加使表面弧纹得以消除，从而形成具有平滑表面的焊缝（图 5-9b）。高热输入下超声的强振动和空化效应作用效果较大，接头内部形成的 IMC 被打碎，同时超声促流效用可减少 IMC 在搅拌针表面的黏着，因此搅拌头黏着程度显著降低（图 5-9d）；图 5-9e 为此时焊接过程中的材料流动模型。由于搅拌针黏着程度降低，锥形螺纹搅拌针的形貌在焊接过程中基本保持不变，具有比黏着严重搅拌针（图 5-9c）更强的塑化材料驱动能力。因此，SZ 内材料在垂直和水平方向上的流动行为得以改善，接头成型良好无缺陷（图 5-10b）。超声作用下接头获得长且复杂的铝/镁界面，机械互锁也得到显著增强。

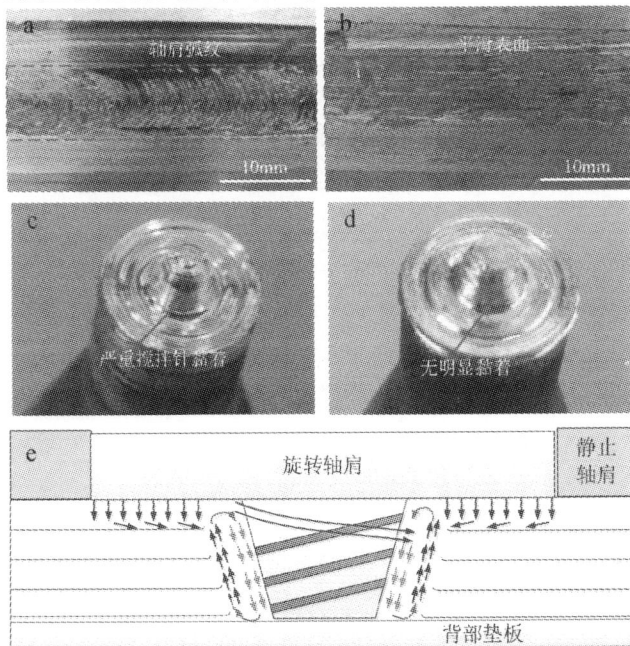

焊缝表面成型：a. SSFSW；b. UA-SSFSW；搅拌头黏着：c. SSFSW；
d. UA-SSFSW；e. 搅拌针黏着较轻时焊缝材料流动
图 5-9 高热输入下铝/镁异种材料 SSFSW 和 UA-SSFSW[11]

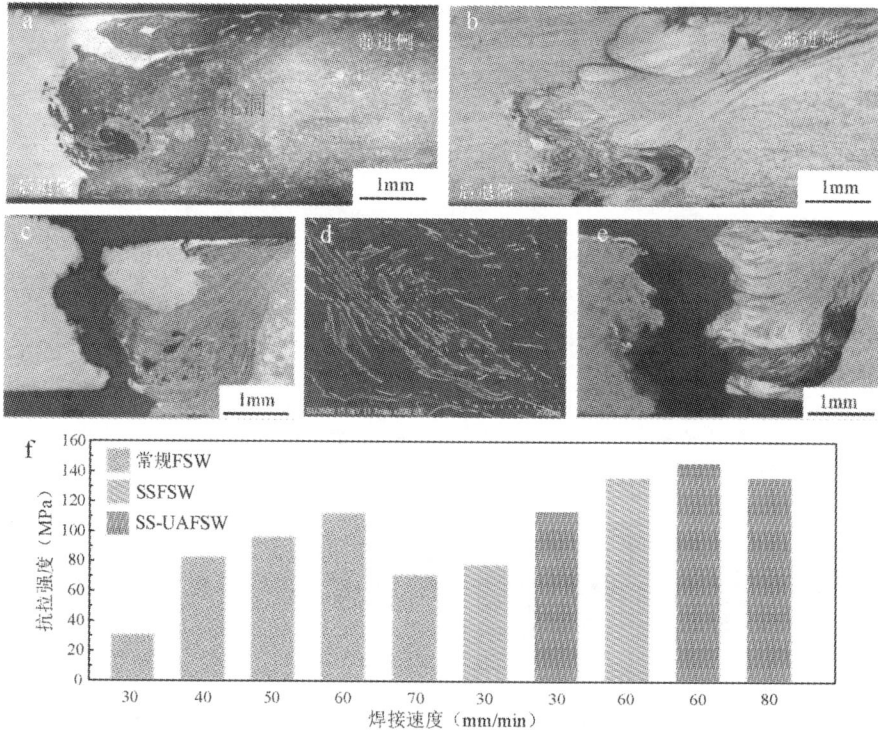

横截面：a. SSFSW；b. UA-SSFSW；断裂位置：c. SSFSW；d. UA-SSFSW 接头
IMC；e. UA-SSFSW；f. 拉伸强度

图 5-10　高热输入下铝/镁异种材料 SSFSW 和 UA-SSFSW 接头质量[11]

1 000 W 超声作用下接头拉伸强度达到 115 MPa，远高于无超声作用的接头（图 5-10f）。高热输入下，SSFSW 和 UA-SSFSW 接头断裂路径均位于后退侧铝/镁界面处；由于内部存在孔洞缺陷，SSFSW 接头断裂机制与低热输入下 FSW 接头相似；UA-SSFSW 接头断裂机制与中热输入下相似。

对于常规 FSW，高热输入下（30 mm/min）接头拉伸强度最低，且接头强度随焊速的增大呈现先增大后减小的变化趋势。尽管通过优化焊接工艺参数可获得较高质量的 FSW 接头，但工艺参数窗口较窄。相同焊速下，SSFSW 接头拉伸强度得到大幅度提升；相比静止轴肩单一辅助，超声-静止轴肩复合辅助工艺下接头拉伸强度提升更为显著，尤其 30 mm/min 焊速下接头拉伸强度与常规 FSW 最优接头（60 mm/min）相当。综上，超声-静止轴肩复合辅助工艺可实现低、中与高热输下的铝/镁异种 FSW 连接，可有效拓宽焊接工艺窗口。

5.2.3　超声-锌中间层搅拌磨擦焊

活泼金属锌常被作为夹层材料用于铝/镁异种材料熔化焊和扩散焊，其与镁元素可优先反应生成镁-锌 IMC，从而达到减少或消除铝/镁 IMC 的目的。对于 FSW 工艺而言，独特的热-机行为使得焊接接头成型及 IMC 演变过程与熔化焊及扩散焊存在较大差异。因此，锌中间层对于铝/镁异种材料 FSW 接头成型和显微组织演变的影响值得进行深入剖析。课题组主要以搭接接头为对象进行研究。

（1）接头配置对焊接质量的影响

Gan 等人[13] 基于搅拌针不扎透上板的方法，以纯锌箔作为阻隔层成功实现 6061-T6 铝/AZ31B 镁合金的搅拌摩擦感应钎焊，并证明锌中间层可有效阻止上铝板与下镁板间的反应，从而避免铝-镁 IMC 的形成。然而在实际工业生产中，搅拌针尖端与锌层之间的距离在焊接过程中难以保持一致，导致搭接接头沿焊接方向的性能一致性难以保证。这可通过在 FSLW 过程中搅拌针扎入下板进行解决（图 5-11a），即所用搅拌头的针长大于上板板厚。由图 5-4 可知，组成搭接接头的上下板配置形式对于接头成型性有着显著影响。因此，课题组在铝/镁和镁/铝两种配置下对锌中间层 FSLW 进行了研究。

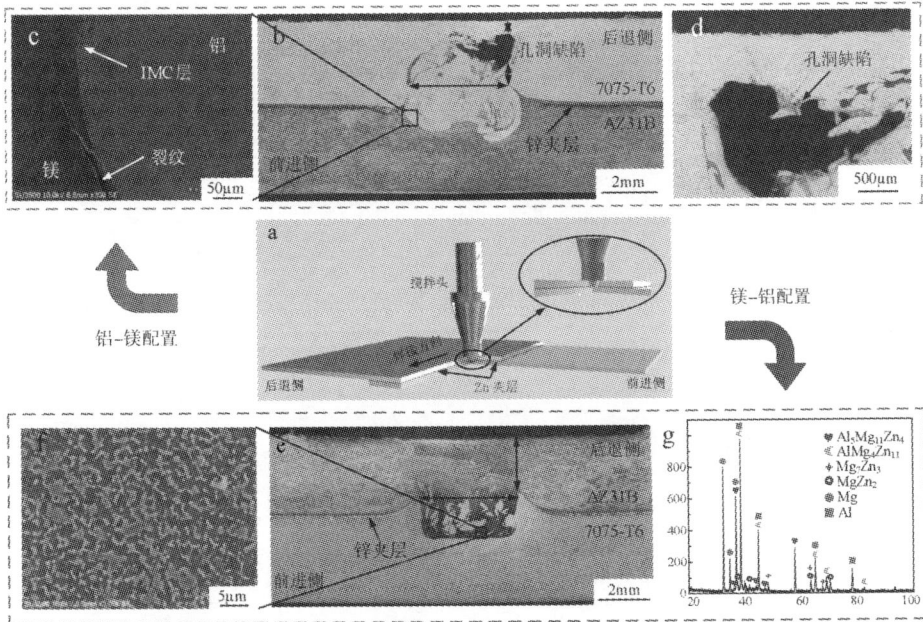

a. 焊接过程；铝/镁配置接头；b. 横截面形貌；c. 显微组织；d. 孔洞缺陷；镁/铝配置接头；e. 横截面形貌；f. 显微组织；g. XRD 结果

图 5-11　锌中间层铝/镁与镁/铝异种材料的 FSLW[12]

由于材料性质存在差异，搭接接头配置形式影响无锌夹层条件下常规 FSLW 的热输入；铝/镁合金的材料性质差异主要包括摩擦系数、液态敏感性和可变形性等[14]。与铝合金相比，镁合金的摩擦系数较小而液态敏感性较大[15,16]；与密排六方结构的镁合金相比，面心立方结构的铝合金具有更大的可变形性[17]。对于铝/镁配置 FSLW，搅拌头的轴肩完全与 Al 合金接触，且搅拌针与铝合金的接触面积远大于其与镁合金的接触面积。由于铝合金具有更高的摩擦系数、更好的可变形性以及更小的液态敏感性，因此铝/镁配置常 FSLW 过程中产生的摩擦热和塑性变形热更高。

镁/铝配置 FSLW 过程中，由于镁合金的液态敏感性较高，其与搅拌针之间易形成液态薄膜，有助于降低 SZ 内材料的摩擦系数和变形阻力，从而进一步降低摩擦热和塑性变形热。两种搭接配置下焊接热输入的差异直接影响铝与镁异种材料常规 FS-LW 接头成型。

对于铝/镁配置接头，镁合金下板的热输入主要来自铝合金上板与搅拌头之间的摩擦热沿板厚方向的热传导，以及向下流动的塑性铝合金所携带的热量；在搅拌头下扎阶段（图 5-12a），始终包裹搅拌针的铝合金获得的热输入更高，与下板的镁合金相比具有更好的流动性；铝与镁合金之间巨大的流动性差异阻止上下材料之间的交互作用。因此，铝/镁配置下常规 FSLW 接头难以形成有效的机械互锁（图 5-12b）。在镁/铝配置下常规 FSLW 过程中，尽管铝合金下板的热输入主要来自镁合金上板的热传导，但铝合金具有较大的可变形性和摩擦系数，因此铝与镁合金的流动性差异相对较小。这使得铝与镁两种材料在焊核内发生交互，最终形成有效的机械互锁（图 5-12c 和 d）。

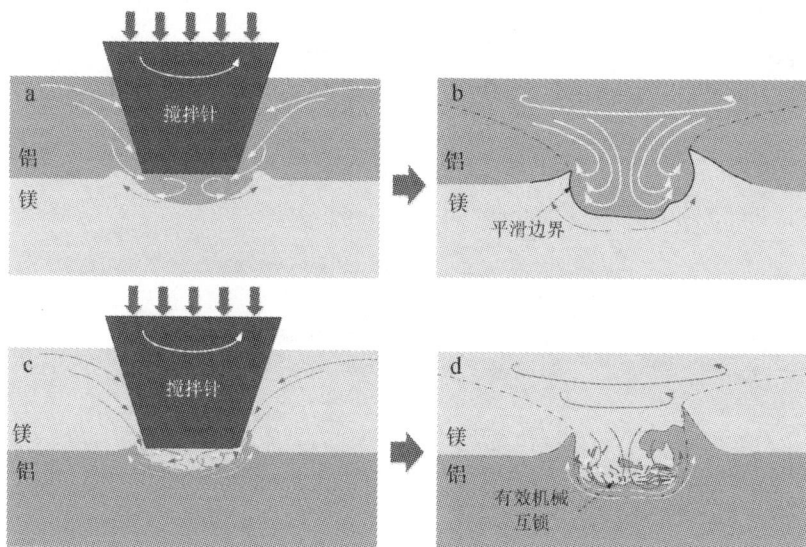

铝/镁配置：a. 下扎阶段；b. 稳定阶段；镁/铝配置：c. 下扎阶段；d. 稳定阶段

图 5-12　铝与镁异种材料常规 FSLW 接头材料流动[12]

与常规 FSLW 接头相似，铝/镁和镁/铝两种配置下锌中间层 7075-T6 铝与 AZ31B 镁异材 FSLW 接头质量存在明显差异。当镁合金作为上板时，可获得较好的内部成型（图 5-11e）；当铝合金为上板时，很难获得较好的内部成型（图 5-11b）。对于铝/镁配置接头（图 5-11b），位于下板的 SZ 尺寸相较图 5-4a 中的常规 FSLW 接头明显增大；由于钩状结构和冷搭接的尖端延伸进入 SZ 的距离增大，接头 ELW 没有得到明显改善；后退侧的 SZ 底部形成轻微的机械互锁，但在接近焊缝上表面位置形成大尺寸孔洞缺陷（图 5-11b 和 d）。

在 FSLW 过程中，焊接峰值温度高于锌的熔点，因此锌以液态存在于 SZ。由于铝/镁配置下焊接热输入较高，接头中 TMAZ 处与钩状结构相邻的铝箔也发生熔化，材料流动阻力减小。在下扎阶段，SZ 内大量熔化的锌在搅拌头顶锻力作用下被挤入 TMAZ 的搭接界面，使得界面处锌中间层厚度大于 0.1 mm 的原始厚度（图 5-13）。尽管焊核内剩余的 Zn 可在一定程度上增大材料的流动性，但不足以显著改善上下板材料间的交互行为，因此接头的机械互锁程度不理想。由于熔化的锌具有润滑作用，更多的材料随搅拌针的旋转由 SZ 上部被转移至底部并积累在后退侧；焊核上部自前进侧转移至后退侧的材料不足以填充材料自上而下转移所留下的空腔，导致 SZ 上部产生孔洞缺陷。大的孔洞缺陷以及自钩状结构尖端延伸入 SZ 的 IMC 薄层导致铝/镁配置接头具有较小的 ELW 和 EST。此外，位于下板的 SZ 与热机影响区边界处存在集中的 IMC 层，表明焊接过程中熔化的锌多集中于此边界处，但汇集的液相在冷却过程中易形成裂纹（图 5-11c）。综上，在铝/镁配置下，锌中间层的加入对于改善 7075-T6 铝与 AZ31B 镁异材 FSLW 接头质量存在不利影响。

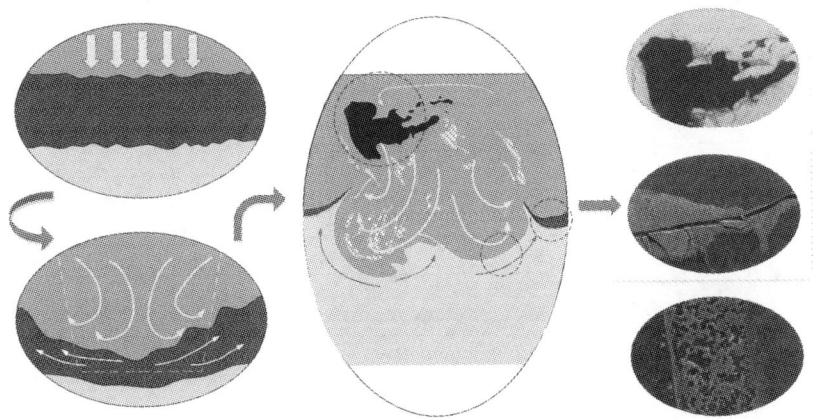

图 5-13　锌中间层 7075-T6 铝/AZ31B 镁异种材料 FSLW 材料流动[12]

与图 5-4d 中的常规 FSLW 接头相比，镁/铝配置下锌中间层 FSLW 接头成型存在显著不同（图 5-11e）。SZ 下部尺寸增大，更多铝合金被卷入 SZ 并打碎，接头形成更加复杂的机械互锁；冷搭接尺寸显著减小，并呈现与前进侧钩状结构相似的形貌，即仅向上弯曲而不延伸进入 SZ，使得接头具有较大的 ELW 和 EST。镁合金作为上板配置时焊接热输入较小，被挤出 SZ 的液态锌较少，熔化的锌随搅拌针的旋转分散于 SZ 中；液态锌的润滑作用可减小材料的流动应力，使 SZ 材料对 TMAZ 材料的推力减小；较大的材料流动速率将更多下板铝合金卷入 SZ 并打碎。因此，锌中间层的加入使镁/铝配置搭接接头的成型得到显著改善。

与常规 FSLW 接头中连续的 IMC（图 5-4e）不同，细小的 IMC 颗粒弥散分布在锌中间层 FSLW 接头 SZ 与 IMC 的边界附近（图 5-11f）。图 5-11g 中 XRD 分析表明，细小颗粒主要为铝-镁-锌和镁-锌相，且无铝-镁 IMC 存在。根据铝-镁-锌三元相图可知，$L \rightarrow MgZn_2$ 和 $L \rightarrow MgZn_2 + Al_6Mg_{11}Zn_{11}$ 的共晶反应分别发生在 480 ℃ 和 340 ℃；铝与锌在液态时无限互溶，且在凝固过程中形成固溶体而不形成 IMC；镁和锌具有相同的晶格结构。因此，镁–锌 IMC 在铝–镁 IMC 前优先生成。此外，常规 FSLW 接头 SZ 中铝基体与镁基体的混合程度较差，铝–镁 IMC 形核于铝/镁基体边界处。对于锌中间层 FSLW，焊接过程中熔化的锌随搅拌针在水平和垂直方向上发生转移，最终分散于 SZ 中，使得镁–锌和铝–镁–锌相的形核点更多且分散；与铝和镁元素相比，焊核中的锌元素含量较少，镁–锌 IMC 在较快的冷却速率下难以生长为连续形貌，因此以细小的颗粒状离散分布于 SZ 中。

综上，当采用镁/铝搭接配置时，锌中间层可增大接头 ELW 和 EST，并强化接头机械互锁；细小的镁–锌 IMC 颗粒代替大尺寸且连续分布的铝–镁 IMC 并弥散于 SZ 中。因此，铝与镁异材 FSLW 接头质量得到显著改善。

（2）锌层厚度对焊接质量的影响

焊核内锌含量对接头成型存在显著影响。图 5-14 为镁/铝配置下，添加不同厚度（0.02 mm、0.05 mm、0.1 mm、0.2 mm 和 0.3 mm）锌中间层 AZ31B 镁/7075-T6 铝异材 FSLW 接头横截面形貌。添加 0.02 mm、0.05 mm、0.1 mm 和 0.2 mm 锌中间层 FSLW 接头均成型良好且无内部缺陷；接头机械互锁程度随锌中间层厚度的增大而愈加复杂。

与其他锌中间层 FSLW 接头相比，0.3 mm 接头 SZ 底部存在孔洞缺陷。在添加 0.3 mm 锌中间层的 FSLW 下扎阶段，大量熔化的锌被挤出 SZ 并进入 TMAZ 的搭接界面；根据最小阻力原则，TMAZ 向上迁移的材料更易向液态锌集中的搭接界面弯曲。因此，0.3 mm 接头的钩状结构和冷搭接均向 TMAZ 而非 SZ 弯曲，且无铝基体进入 SZ（图 5-14f）。SZ 中的塑化材料不足以完全填充搅拌针前进所留下的空腔，导致底部形成孔洞缺陷。

搭接接头的 ELW 随锌中间层厚度的增加而增大（图 5-14）。这是由于 SZ 下部液态锌含量增多使得镁/铝/锌混合材料的流动速率增大，可增大 SZ 尺寸；SZ 内塑化材料对 TMAZ 材料的推力减小，冷搭接尺寸减小，利于形成较大的 ELW。与 ELW 相似，在下板中 SZ 与 TMAZ 的边界长度也是影响镁/铝异材 FSLW 接头强度的主要因素。锌中间层的加入可显著增大在下板中 SZ 与 TMAZ 间的边界长度。0.02 mm 接头焊核中液态锌的含量较少，边界长度的增大程度相比于其他锌层厚度接头较小（图 5-14b）。对于 0.1 mm、0.2 mm 和 0.3 mm 接头，由于 SZ 中存在大量液态锌，镁/铝/锌混合塑性材料更接近于液态，对 TMAZ 材料产生的推力相比于 0.05 mm 接头较小。因此，当采用 0.05 mm 厚锌中间层时，接头获得最大的界面长度（图 5-14c）。

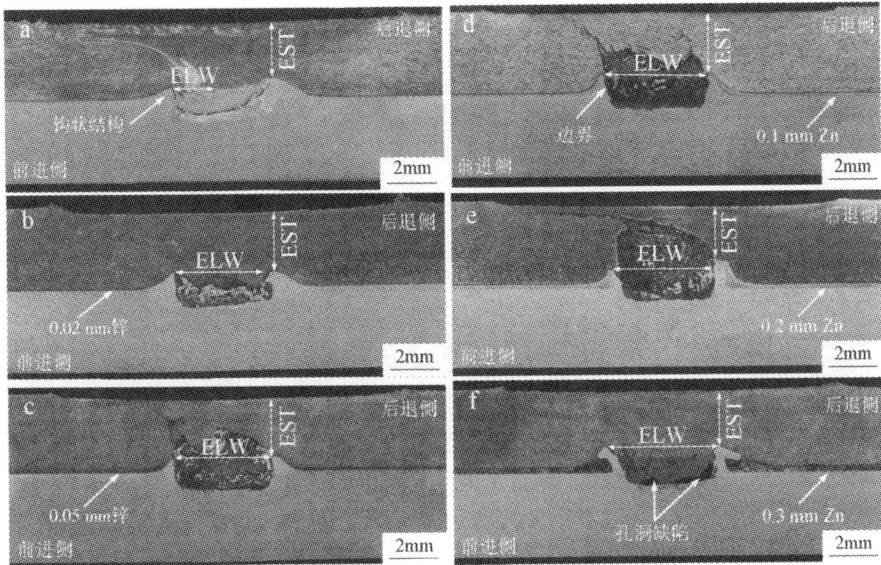

a. 常规工艺；Zn 中间层；b. 0.02 mm；c. 0.05 mm；d. 0.1 mm；e. 0.2 mm；f. 0.3 mm

图 5-14　镁/铝配置下 AZ31B 镁/7075-T6 铝异种材料锌中间层 FSLW 接头成型

表 5-1 扫描结果表明，常规 FSLW 接头中呈连续分布的组织（图 5-15a）主要为铝-镁 IMC。图 5-15b 和 c 分别为 0.02 mm 和 0.05 mm 接头典型区域的显微组织放大图。点 4 和 5 的 EDS 扫描结果表明，接头中 IMC 主要为镁-锌和铝-镁-锌相。除细小的镁-锌 IMC 颗粒，一些小尺寸的块状组织存在于 0.02 mm 接头 SZ 中（图 5-15b）。根据表 5-1 中点 4 处的扫描结果，小尺寸的块状组织被认为是铝-镁-锌相和少量 $Al_{12}Mg_{17}$。对于 0.05 mm 接头，在 SZ 与 TMAZ 的边界处弥散分布细小的铝-镁-锌和镁-锌相，且未形成含有 $Al_{12}Mg_{17}$ 的小块状组织（图 5-15c）。与 0.05 mm 接头相比，0.02 mm 接头无法提供充足的锌以形成足够的镁-锌 IMC 完全替代铝-镁 IMC。

　　图 5-15d~f 分别为添加 0.1 mm、0.2 mm 和 0.3 mm 厚锌中间层的 FSLW 接头显微组织。根据表 5-1 的点扫描结果可知，0.1 mm、0.2 mm 和 0.3 mm 接头 SZ 内的 IMC 主要为镁-锌相。与 0.02 mm 和 0.05 mm 的接头相比，0.1 mm、0.2 mm 和 0.3 mm 的接头中镁-锌相的尺寸显著增大。0.1 mm 的接头 SZ 内的镁-锌相仍具有离散的分布特征（图 5-15d）；0.2 mm 和 0.3 mm 的接头 SZ 内的 IMC 呈现连续的分布状态（图 5-15e 和 f），两接头 SZ 内可观察到网状组织且在 0.3 mm 的接头中的尺寸和数量相对较大。图 5-15gEDS 面扫描结果显示，网状组织主要组成元素为锌，表明 0.2 mm 和 0.3 mm 的接头 SZ 内锌含量过多，导致镁-锌 IMC 过度生长，最终呈现连续的分布特征。

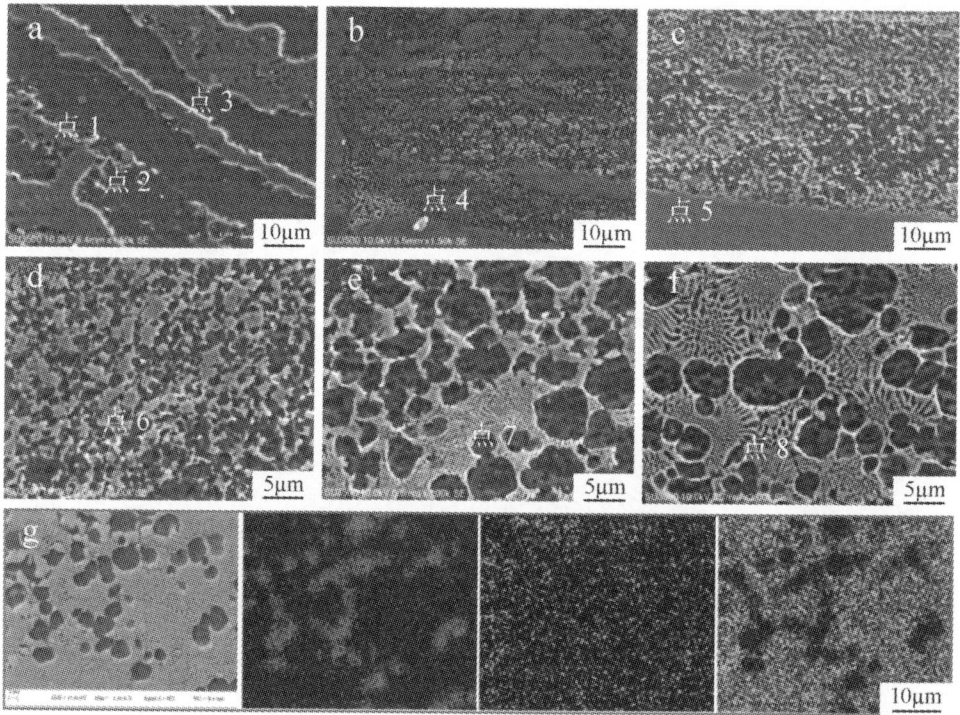

a. 常规工艺；锌中间层；b. 0.02 mm；c. 0.05 mm；d. 0.1 mm；e. 0.2 mm；
f. 0.3 mm；g. 0.3 mm 锌中间层接头 EDS 面扫描

图 5~15　锌中间层镁/铝异种材料 FSLW 接头 IMC 形貌

表 5-1　图 5-15 点 1~8 扫描结果

扫描点	原子成分比（at.%）				可能的相
	Mg	Al	Zn	O	
1	93.3	3.2	0.9	2.6	Mg 基体
2	55.3	42.1	0.8	1.8	$Al_{12}Mg_{17}$
3	37.2	60.3	0.8	1.7	Al_3Mg_2
4	50.5	40.1	7.7	1.7	Al-Mg-Zn + $Al_{12}Mg_{17}$
5	47.1	24.9	25.7	2.3	Mg-Zn + Al-Mg-Zn
6	47.3	19.6	30.6	2.5	Mg-Zn + Al-Mg-Zn
7	60.1	9.7	28.2	2.0	Mg-Zn
8	53.9	6.4	34.4	2.3	Mg-Zn

综上，合适的锌原子浓度可显著减少甚至避免 SZ 内形成铝-镁 IMC；当焊缝中锌元素过量时，虽可抑制铝/镁 IMC 的生成，但连续的镁-锌 IMC 形貌不利于改善焊接接头质量。

图 5-16 为不同锌中间层厚度下镁/铝异种材料 FSLW 接头质量特征。ELW、EST、在下板中 SZ 与 TMAZ 间边界长度、IMC 不利影响削弱程度和接头拉剪载荷 5

种特征用于对比各工况作用效果。与常规 FSLW 工艺相比，锌中间层的加入可显著改善接头成型，削弱 IMC 的不利影响，从而提高镁/铝异种材料 FSLW 接头拉伸性能。锌中间层厚度对于接头拉剪载荷的提升程度影响显著。接头 ELW 和 EST 的增大程度受锌中间层厚度的影响较小，表明锌中间层厚度对接头拉剪性能的影响主要与边界长度增大程度和 IMC 不利影响削弱程度有关。当锌中间层厚度为 0.05 mm 时，边界长度的增大程度和 IMC 不利影响削弱程度达到最大，此时接头所能承受的拉剪载荷高达 8.68 kN。

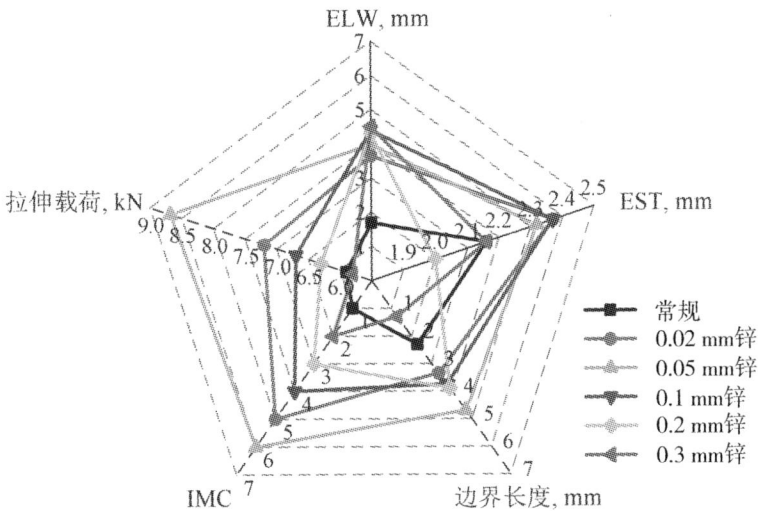

图 5-16　镁/铝异种材料 FSLW 接头质量特征对比

（3）超声对焊接质量的影响

为了进一步提高 AZ31B 镁/7075-T6 铝异种材料 FSLW 接头成型，进行了低热输入（800 r/min-50 mm/min）下超声-锌中间层复合 FSLW 研究（图 5-17a）。试验采用镁/铝搭接配置，超声施加于铝合金试板下表面，且施加位置距焊缝中心 20 mm。

图 5-17b～e 为不同焊接工艺下 AZ31B 镁/7075-T6 铝异种材料接头的横截面成型。对于常规 FSLW 接头（图 5-17b），由于焊接热输入较小，焊接过程中塑化材料流动性相对较差，镁/铝混合区的尺寸较小且后退侧大尺寸的冷搭接导致接头 ELW 较小（图 5-18）。超声-锌中间层复合辅助工艺下接头成型得到显著改善。图 5-17c～e 分别为 800 W、1 200 W 和 1 600 W 超声能量下添加 0.1 mm 厚锌中间层 FSLW 接头横截面形貌。超声辅助可在锌中间层作用的基础上进一步改善镁/铝异种材料 FSLW 接头成型且改善程度与超声能量大小密切相关。外部超声辅助措施有助于小幅度地增加焊接过程中的热输入，可在熔融锌作用的基础上进一步降低镁/铝混合区内材料的粘性和流动应力。此外，超声的促流和强振动效用同样有利于改善材料的流动行为。因此，延伸入 SZ 的铝合金被打碎成为细小的毛片状且弥散在镁/铝混合区中，接头机械互锁程度得到增强；接头 ELW、EST 和在下板中镁/铝混合区与 TMAZ 的边

界长度相比于常规 FSLW 接头明显增大（图 5-18）。

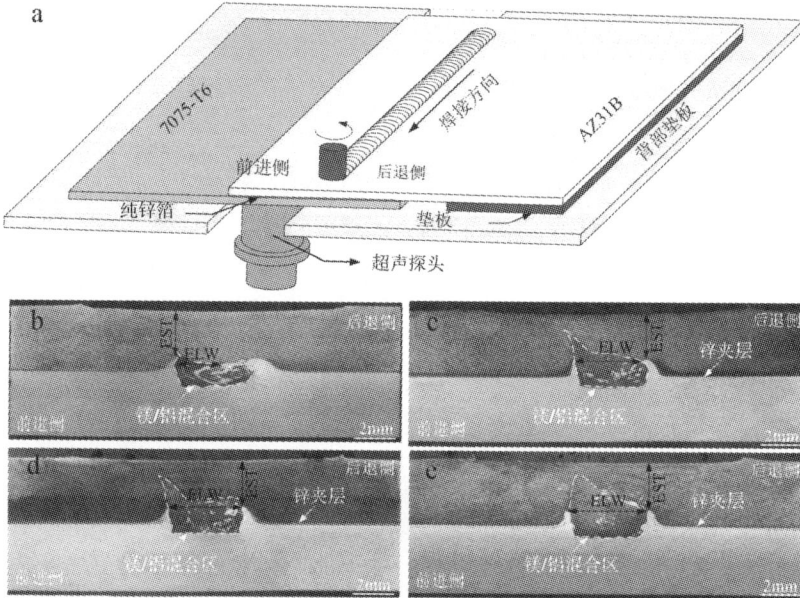

a. 超声-锌中间层复合 FSLW 工艺过程；横截面；b. 常规工艺；c. 800 W 超声-锌中间层；d. 1
200 W 超声-锌中间层；e. 1 600 W 超声-锌中间层

图 5-17　低热输入下镁/铝异种材料搭接接头质量[18]

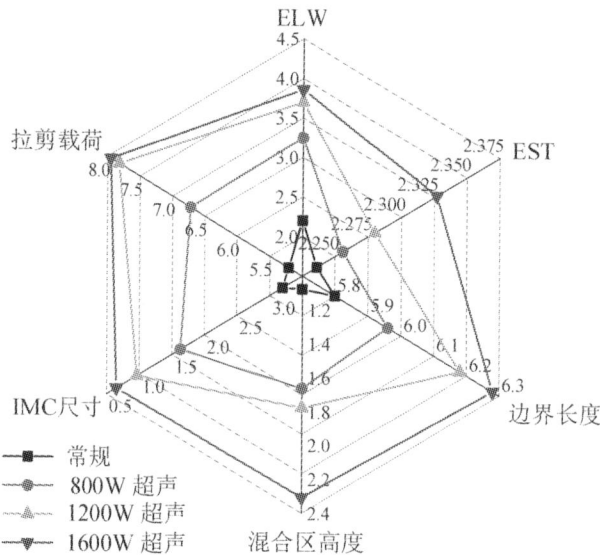

图 5-18　接头质量雷达图

超声-锌中间层复合辅助 FSLW 接头的 ELW、EST 和在下板中镁/铝混合区与
TMAZ 的边界长度均随超声能量的增加而逐渐增大（图 5-18）。超声的搅拌、分散
和冲击破碎作用可提高金属原子的运动能级和扩散速率。当超声能量由 800 W 增大

至 1 600 W 变化时，镁/铝混合区高度呈现明显的增大趋势。超声的空化效用亦可显著改善 IMC 尺寸和分布状态，且超声作用下镁-锌和铝-镁-锌 IMC 尺寸随超声能量的增大而逐渐减小（详见 4.2.3 节）。

综上，锌中间层和超声-锌中间层复合辅助工艺均可显著改善镁/铝异种材料 FSLW 接头成型；两种辅助工艺通过抑制铝-镁 IMC 的生成或改变 IMC 种类、形貌和分布状态，可有效削弱 IMC 对焊接接头力学性能的不利影响，使镁/铝异种材料 FSLW 接头质量得到显著提升。

5.3 铝/钛异种材料搅拌摩擦焊

铝合金具有质量轻、易加工和比强度高等特点，钛合金具有强度高、耐腐蚀和高温性能好等优势，二者均被广泛应用于航空航天领域。铝/钛异种材料复合结构可充分发挥铝、钛合金各自的优势，并起到取长补短的效果。然而，铝合金和钛合金在物理性能和化学成分方面有巨大的差异，且高温下易形成过量的脆性 IMC，严重降低接头力学性能，因此传统熔焊很难实现二者的有效焊接。作为一种固相连接技术，FSW 可有效避免由焊接高温引起的 IMC 过多等问题，可实现铝/钛异种材料的有效焊接；UA-FSW 技术对接头材料流动、原子扩散及显微组织演变都具有促进作用。本节主要对比分析铝/钛异种材料的常规 FSW 和 UA-FSW 两种工艺，包括对接与搭接两种接头形式。

5.3.1 超声辅助搭接接头

（1）常规工艺关键问题

使用常规 FSLW 技术对铝/钛异种材料进行搭接时，钛合金作为上板易导致过高的焊接温度，因此需以铝合金为上板。同时，为防止接头中形成较大钩状结构并减小搅拌头的磨损，焊接过程中搅拌针可轻微扎入钛合金下板。

搭接界面形貌和冶金结合状况是影响铝/钛异种材料 FSLW 接头拉剪性能的主要因素。图 5-19a 为铝/钛异种材料 FSLW 接头成型。在焊接过程中扎入下板的搅拌针挤压下板表面的钛合金，使其向上弯曲并进入 SZ，最终在接头的前进侧和后退侧均形成钩状结构。由于搅拌针带动部分钛合金从前进侧向后退侧迁移，因此后退侧钛合金材料聚集较多且钩状结构相对较高。在接头拉剪试验中，向上弯曲的钩状钛合金结构可阻碍上下板发生相互运动，从而产生"锁"的作用（图 5-19b）。然而，较高的钩状结构会减小接头 EST，不利于提高接头的承载能力。同时，在焊接过程中钛合金的塑性流动性较差，易导致搭接界面局部区域出现界面结合不充分现象，进而产生孔洞缺陷，降低界面的连接强度（图 5-19c）。

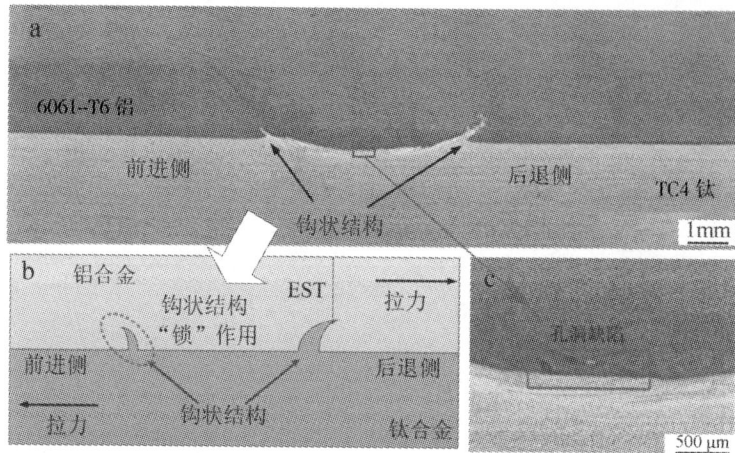

a. 接头横截面成型；b. 钩状结构"锁"作用；c. 搭接界面处缺陷

图 5-19　铝/钛异种材料 FSLW 接头界面成型[19]

铝/钛两种元素具有较好的冶金结合性，其冶金反应过程分为 4 步[20]：铝/钛相互扩散形成固溶体实现初步冶金结合→冶金结合区生成 IMC 相→IMC 长大形成片层→IMC 层厚度呈抛物线规律增长。铝/钛可形成 $TiAl$、$TiAl_2$、$TiAl_3$、Ti_2Al_5 和 Ti_3Al 等多种 IMC。在铝/钛异种材料 FSLW 过程中，具有较低的自由能的 $TiAl_2$、$TiAl_3$ 和 Ti_2Al_5 优先生成。然而，$TiAl_2$ 和 Ti_2Al_5 需要以 $TiAl$ 为中间产物经固相反应才能生成，因此接头中生成的 IMC 主要为 $TiAl_3$。Al-Ti IMC 为硬脆相，其厚度过大会降低界面的结合强度，研究表明 Al-Ti IMC 层降低界面强度的临界厚度约为 5 μm[21]。图 5-20a 的结果表明，接头界面处未形成明显 IMC 层。接头搭接界面处组织 EDS 分析结果表明，铝/钛元素在界面处发生扩散（图 5-20b），扩散层厚度约为 3 μm（图5-20d）；界面处的铝/钛原子比例小于 3∶1（图 5-20c），可以推测该区域处于冶金反应初始阶段，仅有少部分 $TiAl_3$ 生成。

以上研究表明，铝/钛异种材料 FSLW 接头存在两种连接方式：基于钩状结构的机械互锁和基于铝/钛反应的冶金结合；界面处易产生的孔洞缺陷降低机械互锁效果并减小界面的冶金结合面积；在过厚的 IMC 层生成前，界面处扩散厚度的增加有利于增强界面连接。超声振动在促进材料流动和原子扩散方面有积极作用，因此将超声辅助工艺引入铝/钛异种材料 FSLW 过程，有望进一步提升接头质量。

（2）超声辅助搭接工艺

超声的施加位置影响其在试板中的传递路径和效率，进而影响对接头的作用效果。分别使用图 5-21a 和 d 中的两种超声施加方式对铝/钛异种材料进行 FSLW。当超声施加在铝合金上板时，接头后退侧的钩状结构尖端存在明显的孔洞缺陷（图 5-21b 和 c）；当超声施加在钛合金下板时，接头中无明显孔洞缺陷（图 5-21e 和 f）。当超声作用在铝合金上板时，超声探头为上板施加的作用力与轴肩顶锻力的方向相

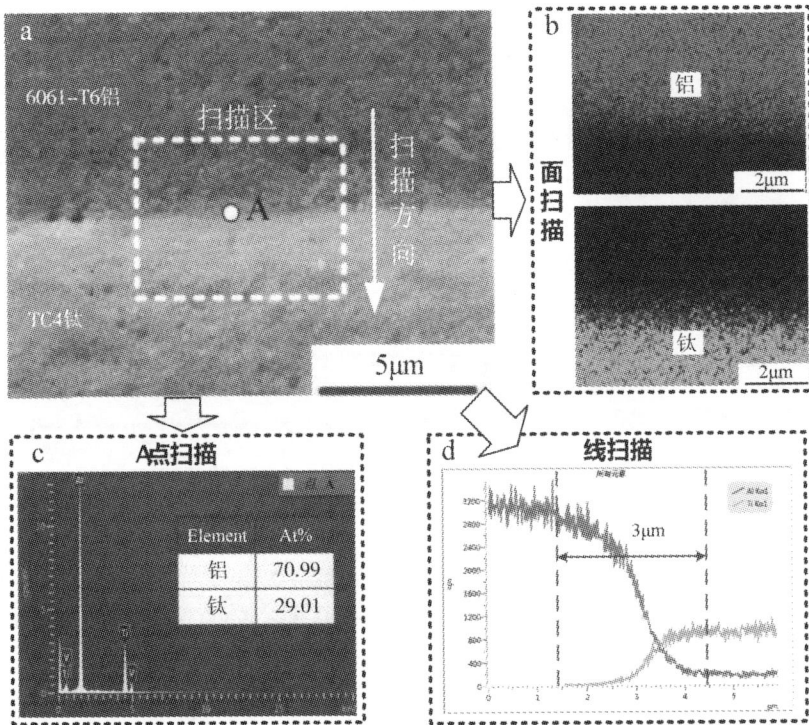

a. 界面显微组织成型；b. 面扫描；c. 点扫描；d. 线扫描

图 5-20 铝/钛异种材料 FSLW 接头显微组织和 EDS 分析[19]

反，相当于减弱了上下板间相互作用力，进而削弱超声振动向钛合金下板的传递，造成上下板间受到的超声振动效果（主要指振幅）不一致，对接头的结合产生负面影响；当超声能量足够高时，铝/钛搭接界面甚至无法获得结合而分离。当超声作用在钛合金下板时，下板带动上板同时振动，二者可在焊接过程中受到均匀一致的振动效果，利于获得高质量的搭接接头。因此，以下对铝/钛异种材料 UA-FSLW 的工艺研究，主要采用将超声施加于钛合金方式进行。

采用图 5-21d 中的超声施加方式，使用与图 5-19 中接头相同焊接工艺参数，进行铝/钛异种材料 UA-FSLW；图 5-22a 为 UA-FSLW 下的接头成型。在超声作用下，接头中钩状结构明显变长，但其高度与常规工艺下差别不大，因此未对接头 EST 造成显著影响；钩状结构的增长使铝/钛结合界面延长，且复杂程度增加，互锁效果得到提高；在超声作用下，搭界面未出现孔洞缺陷，接头铝/钛界面结合更加紧密（图 5-22b）。铝/钛异种材料 UA-FSLW 接头中未生成 IMC 层（图 5-22c），EDS 面扫描结果显示铝/钛两种元素在界面处形成稳定扩散（图 5-22d），界面处扩散层厚度约为 4.1 μm（图 5-22f）；与常规 FSLW 相比（图 5-20），扩散层厚度增加约 1.1 μm。界面处铝/钛元素的原子比例超过 3：1（图 5-22e），可以推测此处的主要组织为 Al+TiAl$_3$。以上现象说明，超声辅助工艺的实施能改善铝/钛异材 FSLW 接头界面成型，促进界面处元素扩散，对提升接头质量有积极作用。

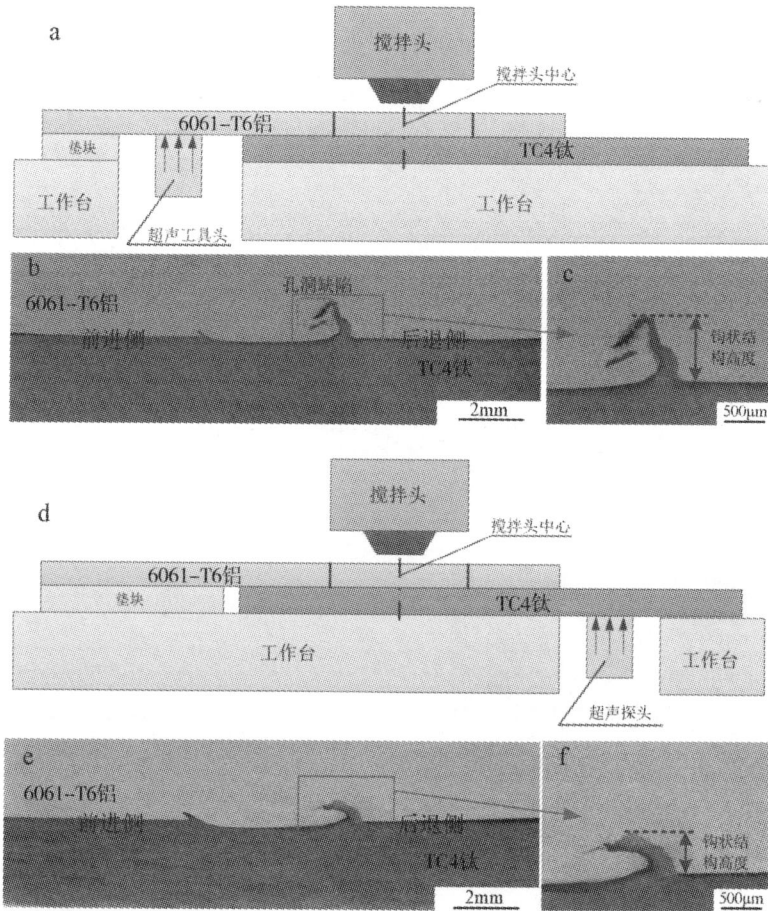

施加于 Al 合金上板：a. 工艺示意图；b. 界面成型；c. 钩状结构；施加
于钛合金下板：d. 工艺示意图；e. 界面成型；f. 钩状结构

图 5-21　不同超声施加位置下铝/钛接头横截面成型[19]

　　铝/钛异种材料 FSLW 接头的成型和显微组织直接影响其拉剪性能和断裂行为
（图 5-23）。与常规 FSLW 接头相比，UA-FSLW 接头的拉剪性能得到明显提高（图
5-23a）。由于常规 FSLW 接头界面局部区域存在孔洞缺陷且冶金扩散层厚度较小，
因此搭接界面结合强度较低，接头沿界面发生剪切断裂（图 5-23c）。超声辅助工艺
可消除界面处的孔洞缺陷，加强上下板的机械互锁，延长界面结合长度，因此搭接
界面不再是接头最薄弱区，导致接头在铝合金上板发生拉伸断裂（图 5-23b）。

　　综上，超声辅助工艺可通过优化搭接界面成菜及促进界面冶金结合的方式提高
铝/钛异种材料 FSLW 接头的质量。

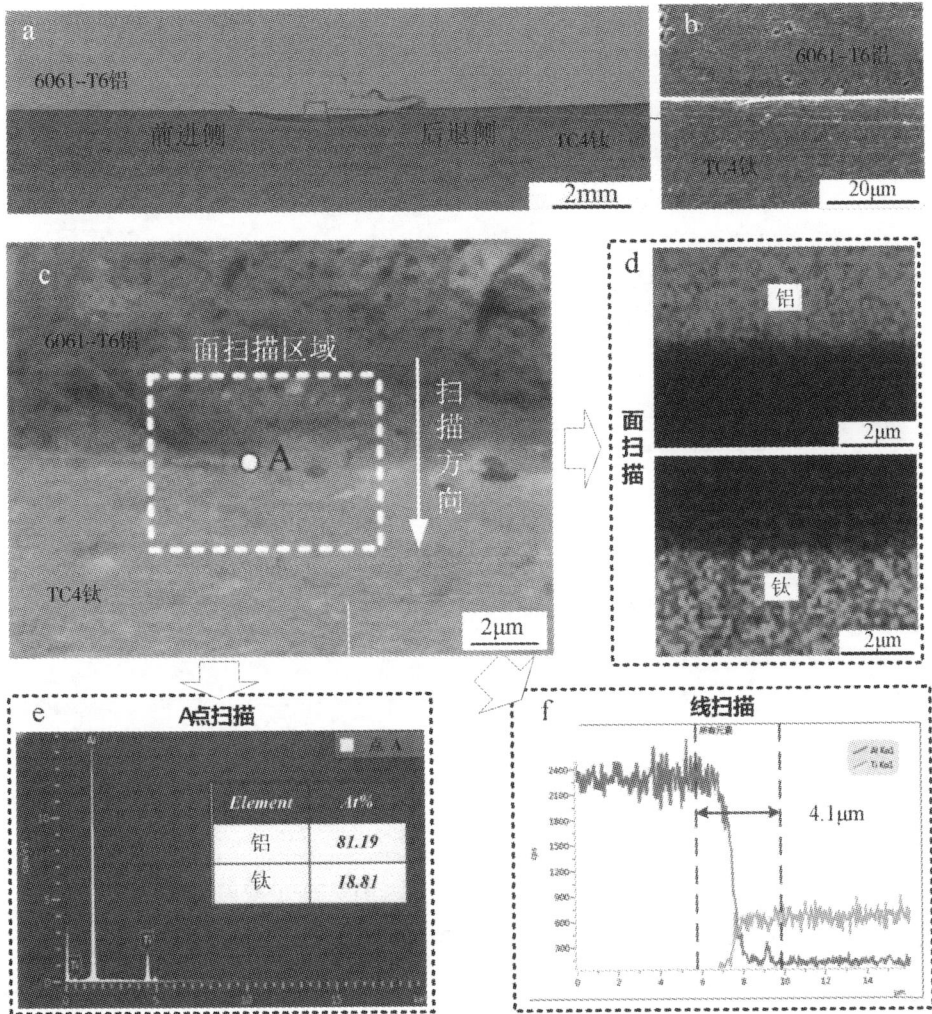

a. 横截面成型；b. 搭接界面成型；c. 界面显微组织；d. 面扫描；e. 点扫描；f. 线扫描

图 5-22 铝/钛异种材料 UA-FSLW 接头成型及显微组织 EDS 分析[19]

5.3.2 超声辅助搅拌摩擦焊

在铝/钛异种材料对接接头的 FSW 过程中，焊接热输入大小对焊接参数的变化很敏感。高热输入易引起接头中 IMC 生成过多以及铝合金侧材料的过度软化。当采用较低热输入的焊接参数时，单位长度内搅拌针搅拌次数的减小会造成 SZ 中大尺寸钛合金颗粒的增多，进而使 SZ 组织均匀性降低。此外，大尺寸钛合金颗粒对材料流动存在阻碍作用，易使其周围产生由材料流动不充分引起的孔洞缺陷。因此，铝/钛异种材料对接接头的焊接工艺窗口较窄，优化焊接工艺参数对接头强度的提升效果有限。课题组将超声辅助工艺应用于铝/钛异种材料对接接头的 FSW 过程，利用其促流、促扩散和组织细化等作用提升焊接接头的质量。

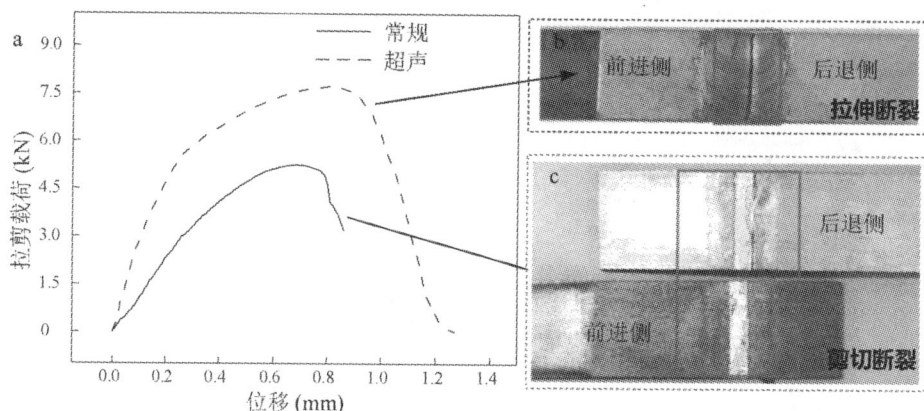

a. 接头载荷位移曲线；接头断裂位置；b. UA-FSLW；c. 常规 FSLW

图 5-23　接头拉剪载荷及断裂位置[19]

焊接过程中搅拌头与高强高熔点的钛合金接触面积越大，搅拌头的摩擦产热速率越高。因此，在铝/钛异种材料 FSW 过程中需通过搅拌头偏置来防止焊接热输入过多。具体做法为将搅拌头置于铝合金侧，仅有少部分搅拌针表面与钛合金侧接触；设进入钛合金的搅拌针根部边缘与对接界面间的距离为偏置量，图 5-24 中试验结果所使用的偏置量为 1.2 mm。

常规工艺（图 5-24a）和超声辅助工艺（图 5-24b）下 6061-T6 铝/TC4 钛异种材料 FSW 接头成型存在差异。与常规 FSW 相比，UA-FSW 接头的焊缝表面更加光滑美观，弧纹也相对均匀清晰。超声的促流作用使焊缝中材料更易从轴肩边缘溢出，导致 UA-FSW 接头两侧的飞边相对较大。当转速为 650 r/min 时，低焊接热输入导致材料流动性差，因此常规 FSW 接头中存在缺陷；施加超声后，接头内缺陷体积明显减小。SZ 中存在尺寸较大的钛合金颗粒，提升转速和施加超声均可使钛合金颗粒尺寸减小。此外，在 UA-FSW 接头的底部区域形成钩状结构，这与超声作用下钛合金塑性变形能力的提升有关；此结构有利于增强接头底部的机械互锁并延长界面结合长度。

对于铝/钛异种材料，施加超声不仅可增加搭接接头界面扩散层厚度，在对接接头中也可达到相同的效果（图 4-2）。除此之外，超声还会影响界面处 IMC 层的形成。当转速为 850 r/min 时，常规 FSW 接头和 UA-FSW 接头界面的局部区域均有 IMC 形成（图 5-25a 和 b）。与常规 FSW 相比，UA-FSW 接头内间断分布的 IMC 明显增多，这是超声促进铝/钛界面冶金反应的结果；在较高焊接热输入下施加超声会使铝/钛界面处 IMC 进一步增多。EDS 点扫描结果显示，IMC 层中铝/钛原子比例接近 3：1，表明该处有 $TiAl_3$ 生成（图 5-25c 和 d）。施加超声后，界面局部区域的 IMC 层厚度超过了 5 μm，这可能会对接头拉伸性能产生不利影响。

接头显微硬度是一个非常重要的性能指标，其对接头拉伸性能和断裂行为有重要影响。6061-T6 铝是一种热处理强化铝合金，受高温后 SZ 材料出现明显软化；

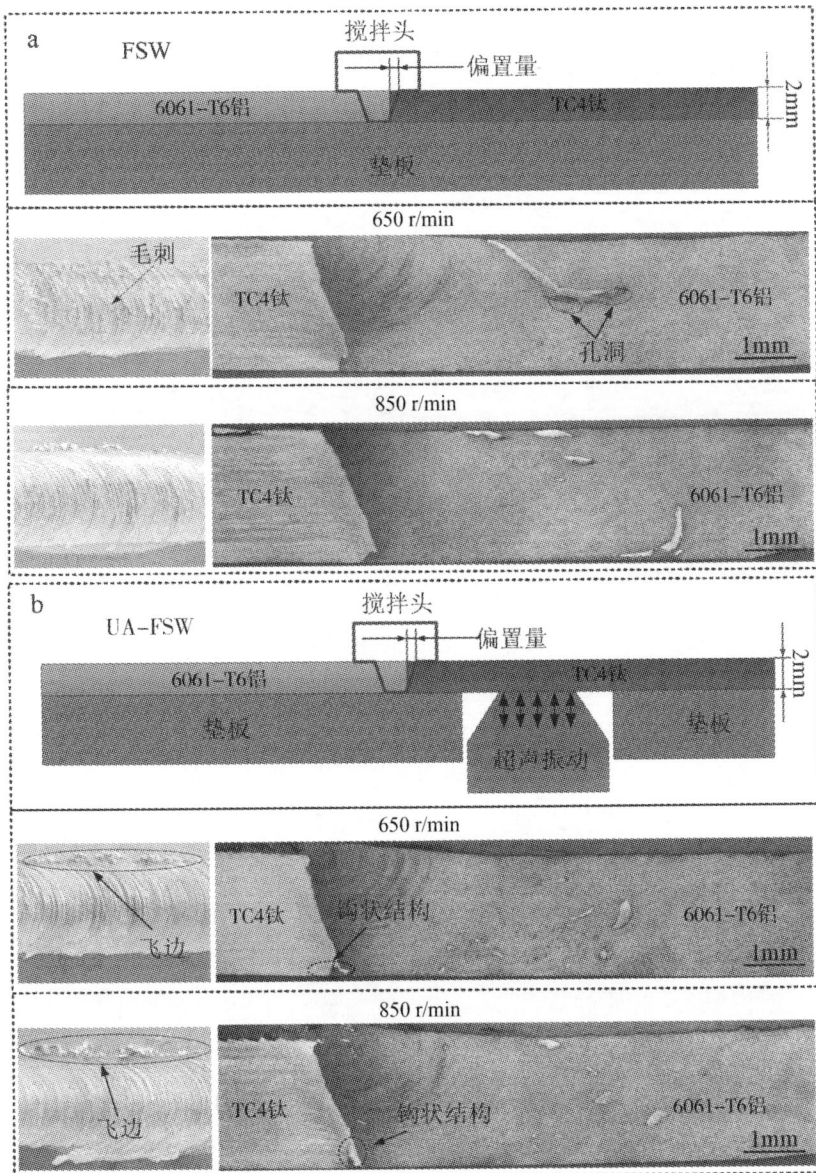

a. 常规 FSW；b. UA-FSW

图 5-24 不同工艺下铝/钛异种材料对接接头成型

850 r/min 下（图 5-26b）接头的软化程度高于 650 r/min 接头（图 5-26a）。由于钛合金颗粒的存在，局部区域出现硬度奇异高点。根据 Hall-Petch 公式可知，减小晶粒尺寸可提升材料的显微硬度；超声的施加有助于 SZ 晶粒的细化（图 4-2），两种转速下的 UA-FSW 接头 SZ 硬度均高于常规 FSW 接头。

两转速下接头 SZ 区软化明显，且钛合金颗粒使 SZ 区组织均匀性降低；在承受拉伸载荷时，由于铝与钛材料应力应变性能存在差异，钛合金颗粒周围因应力集中而诱发裂纹萌生[22]，因此接头易断裂于 SZ 区（图 5-26c）；SZ 软化程度影响接头

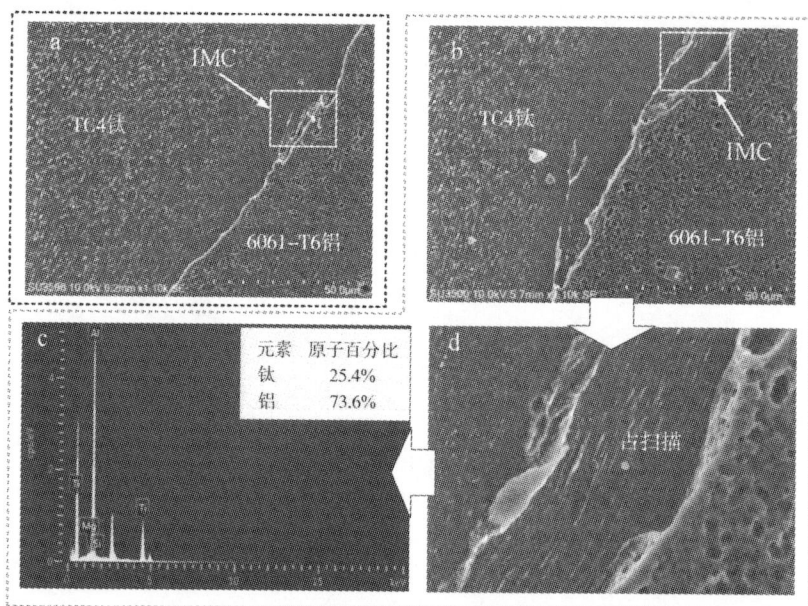

a. 常规 FSW；b. UA-FSW

图 5-25　不同工艺下铝/钛异种材料接头界面成型及显微组织

性能，造成 850 r/min 接头拉伸强度低于 650 r/min 接头。除利于减小或消除 SZ 内由材料流动不充分而导致的缺陷外，超声的施加可细化晶粒和钛合金颗粒，使 SZ 硬度和组织均匀性均得到提升。因此，与常规 FSW 相比，UA-FSW 接头强度更高、断裂路径更为平滑（图 5-26d 和 e）。

　　综上，FSW 技术可实现铝/钛异种材料对接接头的有效连接；在焊接过程中施加超声可促进材料流动并减小晶粒和钛合金颗粒的尺寸，提升 SZ 区成型质量，进而提高接头拉伸强度。需要注意的是，在较低热输入下施加超声可促进界面处扩散连接，提升界面结合强度，但在较高热输入下施加超声在一定程度上会促进界面处 IMC 的形成。因此，在施加超声时应合理选用焊接工艺参数，以防止生成的过多 IMC 对接头质量产生不利影响。

5.4　镁/钛异种材料搅拌摩擦焊

　　镁合金是目前商用金属材料中最轻的合金，具有比强度高和抗冲击性能好等优点。与钛合金相同，镁合金在航空航天、轨道列车以及船舶制造行业具有广泛的应用。镁/钛异种材料复合构件具有较大的潜在需求及应用前景，因此镁合金和钛合金的连接成为近年来焊接领域的研究热点。然而，镁/钛异种材料熔点相差巨大，使用传统熔焊方法对其进行有效焊接存在较大困难。近年来，研究人员尝试电阻点焊、CMT 焊、爆炸焊等多种焊接方式对镁/钛异种材料进行连接，并取得了初步成果。镁和钛元素都是密排六方结构，两种元素既不相溶，也不发生任何冶金反应；

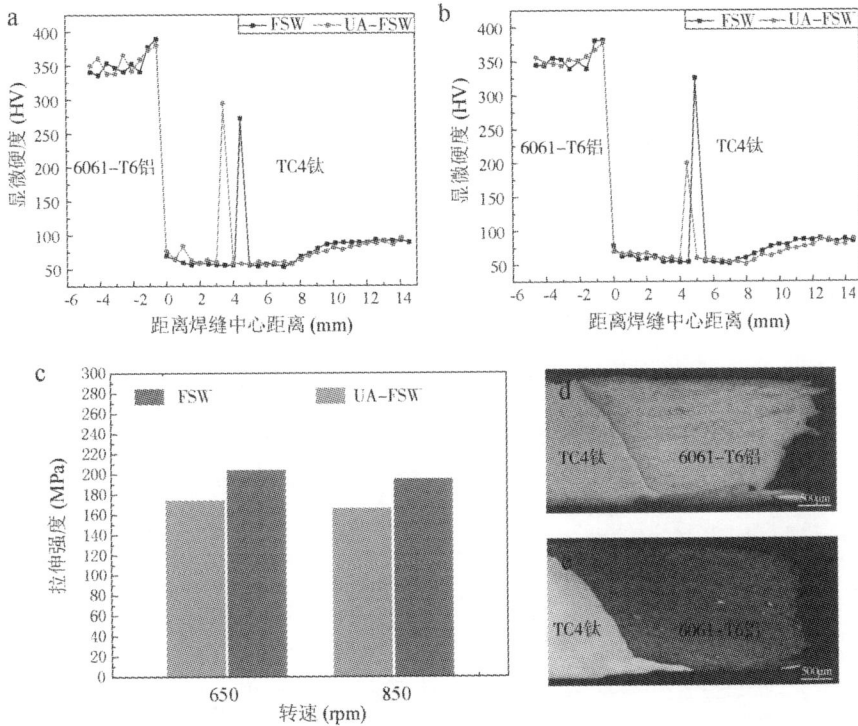

a. 650 r/min；b. 850 r/min 接头显微硬度；c. 接头拉伸强度；断裂路径；
d. 常规 FSW；e. UA-FSW

图 5-26　不同转速下铝/钛异种材料接头力学性能

镁/钛异种材料焊接接头冶金结合的实现主要依靠母材中其他能与镁和钛同时发生冶金反应的元素，例如铝等。作为一种新型固相焊接技术，FSW 技术在镁/钛异种材料连接方面发挥着独特的优势，不仅可使镁合金和钛合金形成冶金结合，还可利用二者间的机械咬合效应。

5.4.1　微扎入下板的搭接工艺

在钛合金 FSW 过程中，焊接温度接近或超过 1000 ℃，已超过镁合金的熔点。为防止焊接温度过高，镁/钛异种材料 FSLW 多以镁合金为上板。此外，搭接过程中搅拌针可轻微下扎进入钛合金试板，这样既可减小搅拌头的磨损，还有利于控制焊接过程中的热输入。

使用 160 mm/min、120 mm/min、80 mm/min 和 40 mm/min 的焊速对 AZ31B 镁和 TC4 钛进行 FSLW。由于搅拌针仅轻微扎入下板，接头界面处十分平整，未生成钩状结构（图 5-27a）。界面处的组织形貌是影响异种材料接头连接强度的关键因素。镁/钛异种材料 FSLW 接头界面处可分为接触区和非接触区两个区域，接触区是指焊接过程中搅拌针与钛合金试板上表面直接接触的区域，接触区以外的区域为非接触区（图 5-27b）。接触区内的界面呈波浪形（图 5-27c），波峰和波谷之间的高度差约为 50 μm。在搅拌针作用下，界面处的钛合金脱离母材进入上板 SZ，因此接近界面的 SZ 内存在大量的钛合金颗粒（图 5-27d）。

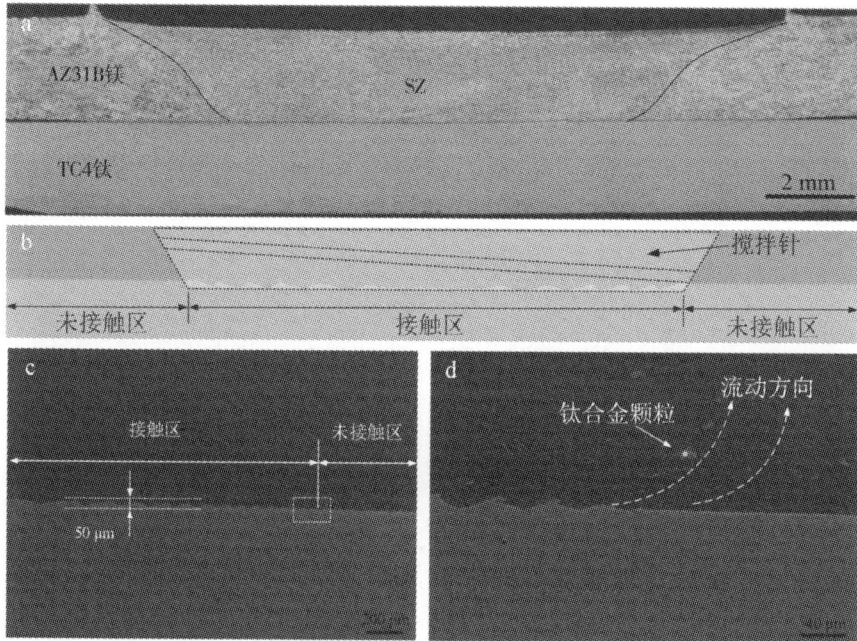

a. 接头横截面成型；b. 界面成型示意图；c. 界面成型；d. 界面处钛合金颗粒分布

图 5-27　镁/钛异种材料 FSLW 接头成型[23]

由于钛元素和镁元素不发生冶金反应，镁/钛异种材料焊接接头的冶金结合需通过母材中的其他主要元素与镁元素和钛元素分别发生反应来实现。除镁元素和钛元素外，铝元素是 AZ31B 和 TC4 母材中含量第三的主要元素，且易与镁、钛两种元素发生冶金结合，其在镁/钛异种材料接头结合中起着"桥梁"作用[24]。

图 5-28a～c 分别为 160 mm/min、120 mm/min 和 40 mm/min 下接头搭接界面处的 EDS 显微组织分析结果。接头在界面处紧密结合，镁/钛元素的含量在界面处变化明显，说明两种元素在界面处的相互扩散程度很低。界面处的铝元素分布在不同热输入下存在差异；随着焊速的降低，焊接热输入增大，界面处铝元素含量由平缓过渡向富集转变，且富集区的宽度随热输入的增大而增大。铝元素的富集是其与镁、钛元素发生冶金反应的结果，富集程度越高表明反应越充分。虽然镁、钛两种元素都可与铝元素发生冶金反应，但其难易程度存在差别。与铝/镁反应相比，铝/钛的标准摩尔反应焓变更低，因此铝元素更易与钛元素发生冶金反应[25]。因此，铝元素的富集主要发生在搭接界面的钛合金侧。

图 5-29 为不同热输入下接头的拉剪载荷及断裂位置。在较低热输入（160 mm/min 和 120 mm/min）下接头呈现剪切断裂模式（图 5-29a），而在较高热输入（80 mm/min 和 40 mm/min）下接头呈拉伸断裂模式（图 5-29b）。随着热输入的增大，接头拉剪

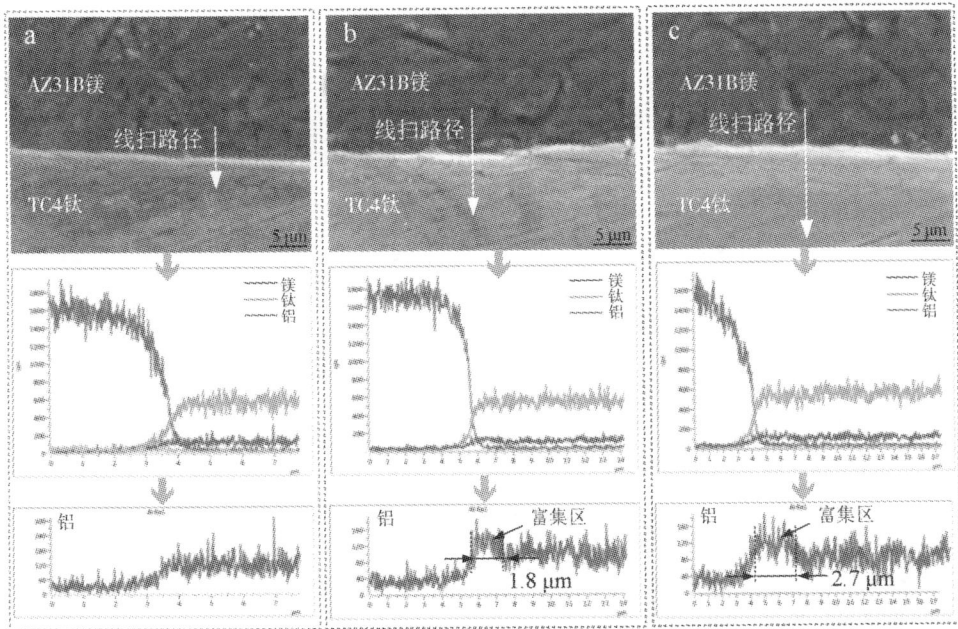

a. 160 mm/min; b. 120 mm/min; c. 40 mm/min

图 5-28 不同热输入下 Mg/Ti 异材 FSLW 搭接界面组织形貌及 EDS 组织分析[23]

载荷呈现先上升后下降的趋势；在 80 mm/min 下达到 10.6 kN 的最高值，接头承载能力达到相同宽度/厚度下镁合金母材的 89.2%（图 5-29c）。

不同热输入下的接头具有不同的断裂行为，其断口形貌特征的差异可反映镁/钛界面处的结合状态。如图 5-29d 所示，当焊接热输入较低时（160 mm/min），接头沿镁/钛界面发生剪切断裂，界面接触区有大量弧形纹路，这是搅拌针尖端与钛合金试板上表面相互作用的结果。弧形纹路的形成机理与焊缝表面弧纹类似，其可增加界面的连接长度且使上下板间形成机械咬合结构。波形界面可分为波峰和波谷两部分，波谷断口表面比较光滑，而在波峰上存在少量的镁合金。界面非接触区的断口表面出现大量镁合金组织形成的撕裂棱。如图 5-29e 所示，增大焊接热输入（120 mm/min）时断口表面覆盖的镁合金也会增多。与 160 mm/min 焊速下相比，120 mm/min 下较高的转焊比使接触区弧纹变密，接触区弧纹波峰间距离明显变小；由于波谷也被镁合金填充，因此弧纹的宏观形貌不明显。

镁/钛异种材料接头界面存在两种连接机制：铝元素与镁、钛两种元素反应形成的冶金结合；由波形搭接界面形成的机械咬合连接。当接头受到水平方向的拉剪载荷时，波形界面的机械咬合结构会产生与之对应的反作用力，阻碍上下板之间的相对运动，而界面处的冶金结合则会防止机械咬合面之间的相对运动。因此，镁/钛界面处的冶金结合状态和机械咬合程度对接头拉剪强度和断裂行为起决定作用。在较低焊接热输入下（160 mm/min），界面冶金结合程度较低，且由较小转焊比导致的较稀疏波形弧纹不利于机械咬合效果的提升，因此搭接界面结合强度较低，接头

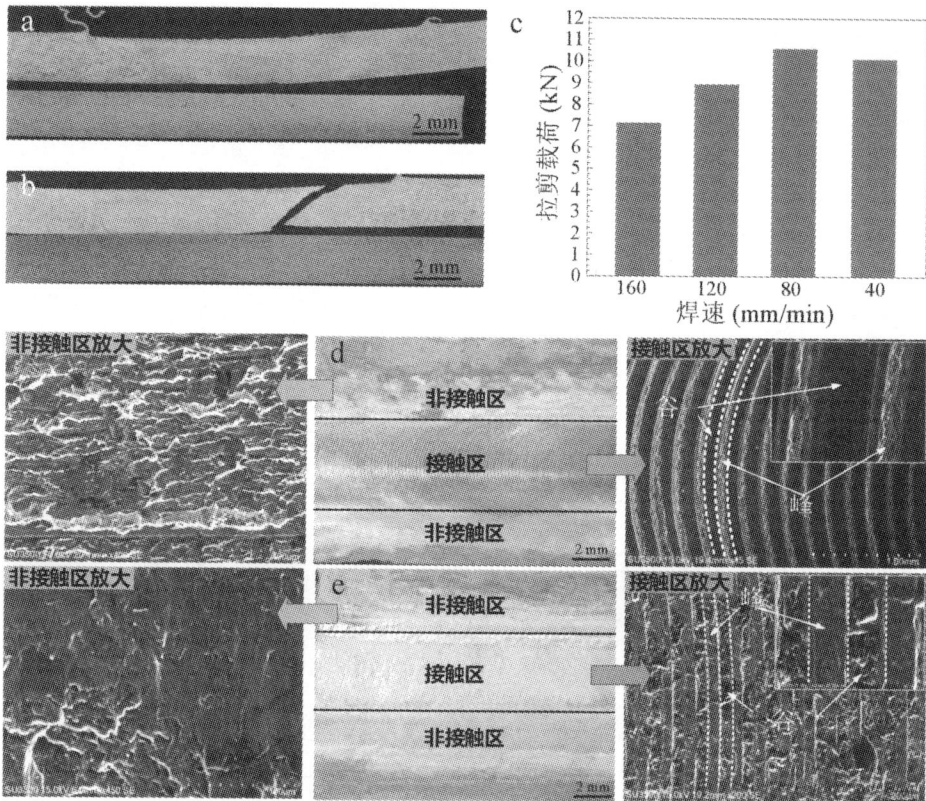

a. 剪切断裂模式；b. 拉伸断裂模式；c. 拉剪载荷；接头剪切断口及其接触区、非接触区放大形貌；d. 160 mm/min；e. 120 mm/min

图 5-29　接头断裂位置及拉剪载荷[23]

在界面处发生剪切断裂（图 5-30a）。增大热输入后（120 mm/min），界面处的冶金反应程度提升，并开始出现铝元素富集现象（图 5-28b），因此冶金结合强度得到提升。此外，低焊速可增大波形界面弧纹的致密程度，这既有利于增强上下板间的机械咬合，又可延长镁/钛界面的结合长度。上述原因使 120 mm/min 接头界面结合强度得到提升，此时断裂主要发生在近搭接界面处的镁合金中（图 5-30b），使钛合金断口表面覆盖有大量镁合金（图 5-29e）。进一步增大热输入（80 mm/min）时，界面处的冶金结合和机械咬合均进一步提升，镁/钛界面不再是接头的最薄弱区。由于镁合金上板焊缝的减薄不仅可降低有效承载面积，还可使 SZ 区上表面边缘产生应力集中，因此在拉剪载荷下接头沿上部的镁合金试板的 SZ 边缘发生拉伸断裂。当焊接热输入过大时（40 mm/min），接头仍为拉伸断裂，但上部镁合金试板较高的晶粒粗化程度导致接头拉剪强度降低。

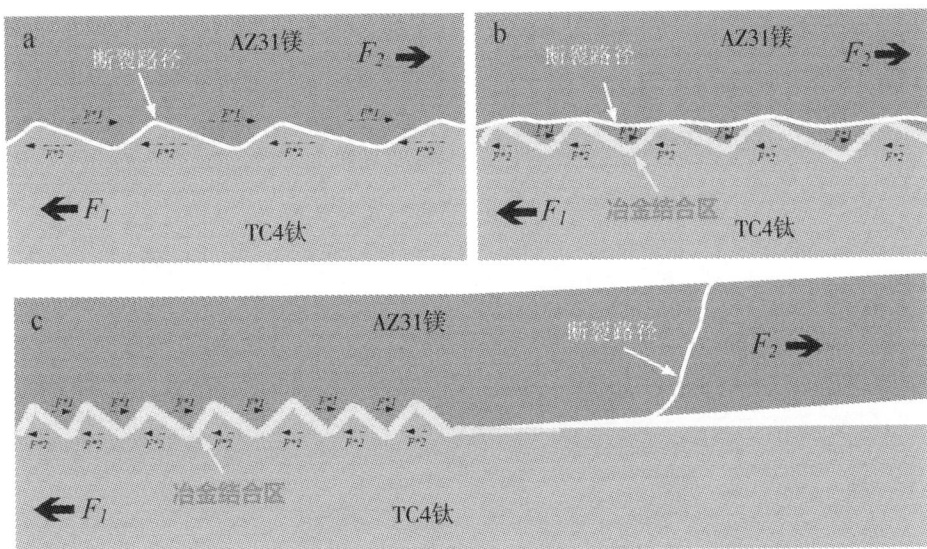

a. 160 mm/min；b. 120 mm/min；c. 80 mm/min

图 5-30　不同热输入下镁/钛异材 FSLW 接头搭接界面连接机制及断裂模式[23]

　　综上，FSLW 技术可以实现镁/钛异种材料的有效焊接，接头搭接界面存在冶金结合和机械咬合两种连接机制。母材中的 Al 元素对镁/钛界面冶金结合的形成起关键性作用；焊接过程中搅拌针微扎入钛合金下板形成的波形搭接界面是上下板间形成机械咬合的必要条件。这两种连接机制是获得高承载能力的镁/钛异种材料 FSLW 接头的基础。需要注意的是，提高转焊比有助于接头镁/钛界面的冶金结合和机械咬合的提升，但伴随的高热输入可能降低接头上部镁合金试板的强度，进而造成接头承载能力的降低。因此，应在保证搭接界面充分结合的基础上，尽可能减小焊接热输入。

5.4.2　搅拌头偏置的对接工艺

　　与铝/钛异种材料类似，镁/钛异种材料对接接头的 FSW 过程也需将搅拌头偏置，以减小搅拌头与钛合金间的摩擦，从而避免产热过多；将搅拌针根部进入钛合金侧距离的大小定义为搅拌头偏置量（图 5-24a）。图 5-31a～c 分别为使用 0.5 mm、0.7 mm 和 0.9 mm 偏置量时的接头成型。随着搅拌头偏置量的增大，焊接热输入增大，接头中材料流动性能提升，因此焊核面积变大。增大偏置量还可影响进入焊核钛合金的尺寸及数量。偏置量较大，SZ 中的钛合金颗粒的数量和尺寸均会随之增大。当 SZ 中大块钛合金颗粒过多时会降低 SZ 区组织的均匀性，降低焊核承载能力。镁/钛界面下部形成延伸进入 SZ 的钩状结构，其随着偏置量的增大而伸长。钩状结构的产生不仅使界面处形成机械互锁结构，还有利于延长界面的连接长度。

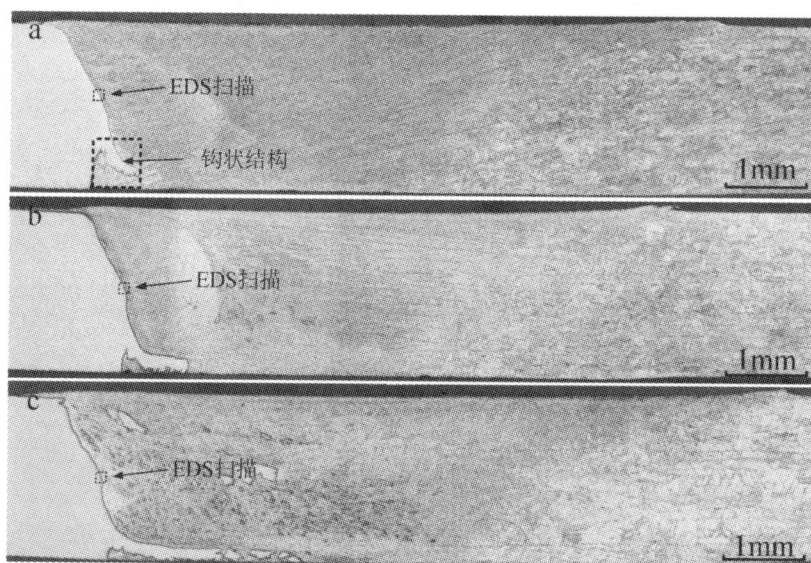

a. 0.5 mm；b. 0.7 mm；c. 0.9 mm

图 5-31　不同偏置量下 Mg/Ti 异种材料对接接头横截面成型规律[26]

　　镁/钛异种材料对接接头界面的连接同样依靠由铝元素主导的冶金结合，而偏置量的大小影响镁/钛界面处的冶金结合情况。对界面中间区域进行 EDS 面扫描，扫描位置如图 5-31 所示。在 0.5 mm 偏置量下，界面处并未出现明显的铝元素富集现象（图 5-32a），说明冶金反应进行程度很低，这是由低偏置量下较小的焊接热输入导致的；偏置量为 0.7 mm 时，镁/钛界面的局部区域出现铝元素富集（图 5-32b）；偏置量为 0.9 mm 时，镁/钛界面上形成连续的铝元素富集层（图 5-32c）。偏置量的增加使焊接热输入增大且材料流动性增强，利于接头冶金反应的进行。随着偏置量的增加，界面处铝元素的富集越来越明显，导致接头拉伸性能的提高（图 5-32e）。虽然界面处形成了冶金结合，但母材中有限的铝元素限制了界面处的冶金反应程度，导致界面冶金结合强度受限。因此，镁/钛界面为接头的最薄弱区域，成为在拉伸载荷下的接头断裂位置（图 5-32d）。

　　综上，镁/钛异种材料 FSW 的对接接头主要依靠界面处形成的冶金结合实现连接，增强界面的冶金结合是提升接头拉伸性能的关键。为了避免大偏置量下 SZ 内钛合金颗粒增多的问题，可尝试在较小偏置量下采用增大转速或减小焊速的方式提高镁/钛界面的冶金结合强度，进而提升镁/钛异材对接接头的连接质量。FSW 技术为推动镁/钛异种材料结构的更广泛应用提供了有力支持。

5.5　本章小结

　　本章对异种材料 FSW 接头（对接和搭接）的焊接工艺方案进行优化，以解决

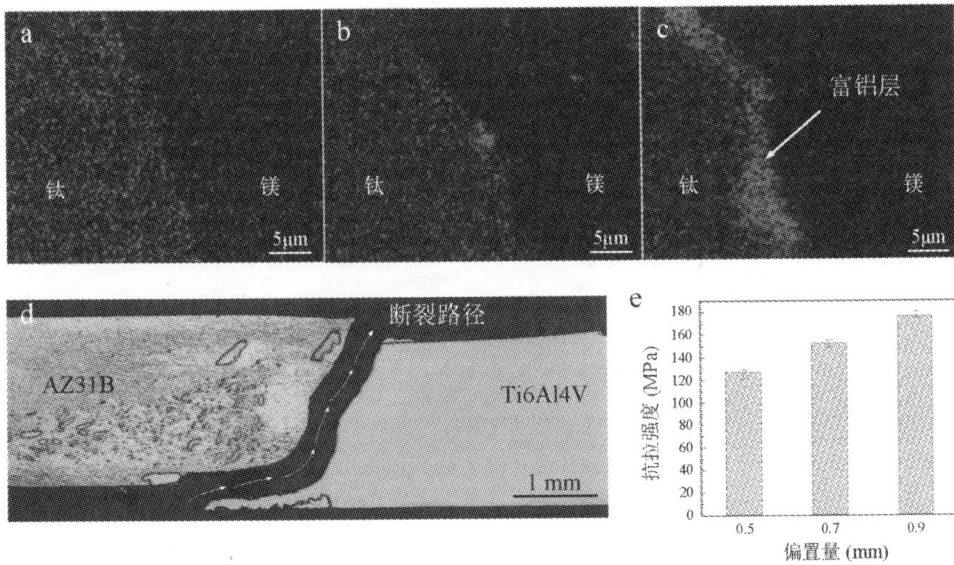

a. 0.5 mm 偏置量下铝元素分布；b. 0.7 mm 偏置量下铝元素分布；c. 0.9 mm 偏置量下铝元素分布；d. 接头断裂位置；e. 接头拉伸强度

图 5-32 接头 Mg/Ti 界面标记位置（见图 5-31）EDS 面扫结果及接头焊接质量[26]

焊接过程中存在的关键问题。对于异种铝合金，将具有较高硬度的材料作为上板放置可显著改善搭接接头成型和界面连接强度，从而获得较高的拉剪性能。通过优化铝与镁异种材料焊接工艺，如采用静止轴肩、超声-静止轴肩复合、锌中间层、超声-锌中间层复合辅助工艺可成功缓解搅拌头黏着、增强接头机械互锁程度、增长接头裂纹扩展路径及减小 IMC 产生的不利影响，从而提高焊接接头质量。FSW 技术可实现铝/钛异种材料的有效连接；通过超声辅助工艺可促进材料流动并减小晶粒和钛合金颗粒的尺寸，提高 SZ 组织均匀性和显微硬度，从而进一步提升接头强度。对于镁/钛异种材料 FSW 接头，镁/钛界面的冶金结合效果是提升接头拉伸性能的关键，其主要依靠母材中的铝元素在界面处分别与镁、钛元素间的结合；在焊接过程中，控制焊接热输入是提高界面冶金结合效果的有效途径。本章关于异种材料 FSW 技术的研究可为拓宽异种材料复合构件的工程应用提供切实可行的方法。

参考文献

[1] Ge Z, Gao S, Ji S, et al. Effect of pin length and welding speed on lap joint quality of friction stir welded dissimilar aluminum alloys [J]. International Journal of Advanced Manufacturing Technology, 2018, 98 (5-8): 1461-1469.

[2] Li Z, Yue Y, Ji S, et al. Joint features and mechanical properties of friction stir lap welded alclad 2024 aluminum alloy assisted by external stationary shoulder [J]. Materials & Design, 2016, 90: 238-247.

[3] Yan Y, Zhang D, Qiu C, et al. Dissimilar friction stir welding between 5052 aluminum alloy and AZ31 magnesium alloy [J]. Transactions of Nonferrous Metals Society of China, 2010, 20: s619-s623.

［4］ Liu Z, Ji S, Meng X. Improving joint formation and tensile properties of dissimilar friction stir welding of aluminum and magnesium alloys by solving the pin adhesion problem ［J］. Journal of Materials Engineering and Performance, 2018, 27 (3)：1404-1413.

［5］ Niu S, Ji S, Yan D, et al. AZ31B/7075-T6 alloys friction stir lap welding with a zinc interlayer ［J］. Journal of Materials Processing Technology, 2019, 263：82-90.

［6］ Ji S, Huang R, Meng X, et al. Enhancing friction stir weldability of 6061-T6 Al and AZ31B Mg alloys assisted by external non-rotational shoulder ［J］. Journal of Materials Engineering and Performance, 2017, 26 (5)：2359-2367.

［7］ Zhao Y, Lu Z, Yan K, et al. Microstructural characterizations and mechanical properties in underwater friction stir welding of aluminum and magnesium dissimilar alloys ［J］. Materials & Design, 2015, 65：675-681.

［8］ Fu B, Qin G, Li F, et al. Friction stir welding process of dissimilar metals of 6061-T6 aluminum alloy to AZ31B magnesium alloy ［J］. Journal of Materials Processing Technology, 2015, 218：38-47.

［9］ Liu Z, Ji S, Meng X. Joining of magnesium and aluminum alloys via ultrasonic assisted friction stir welding at low temperature ［J］. International Journal of Advanced Manufacturing Technology, 2018, 97 (9-12)：4127-4136.

［10］ Liu Z, Meng X, Ji S, et al. Improving tensile properties of Al/Mg joint by smashing intermetallic compounds via ultrasonic-assisted stationary shoulder friction stir welding ［J］. Journal of Manufacturing Processes, 2018, 31：552-559.

［11］ Meng X, Jin Y, Ji S, et al. Improving friction stir weldability of Al/Mg alloys via ultrasonically diminishing pin adhesion ［J］. Journal of Materials Science & Technology, 2018, 34 (10)：1817-1822.

［12］ Ji S, Niu S, Liu J, et al. Friction stir lap welding of Al to Mg assisted by ultrasound and a Zn interlayer ［J］. Journal of Materials Processing Technology, 2019, 267：141-151.

［13］ Gan R, Jin Y. Friction stir-induced brazing of Al/Mg lap joints with and without Zn interlayer ［J］. Science and Technology of Welding and Joining, 2018, 23 (2)：164-171.

［14］ Shah L H, Othman N H, Gerlich A. Review of research progress on aluminium-magnesium dissimilar friction stir welding ［J］. Science and Technology of Weldingand Joining, 2018, 23 (3)：256-270.

［15］ Zettler R, Da Silva A A M, Rodrigues S, et al. Dissimilar Al to Mg alloy friction stir welds ［J］. Advanced Engineering Materials, 2006, 8 (5)：415-421.

［16］ Yang Y, Dong H, Kou S. Liquation tendency and liquid-film formation in friction stir spot welding ［J］. Welding Journal, 2008, 87：202s-211s.

［17］ Firouzdor V, Kou S. Al-to-Mg friction stir welding：effect of positions of Al and Mg with respect to the welding tool ［J］. Welding Journal, 2009, 88：213s-224s.

［18］ Ji S, Niu S, Liu J. DissimilarAl/Mg alloys friction stir lap welding with Zn foil assisted by ultrasonic ［J］. Journal of Materials Science & Technology, 2019, 35：1712-1718.

［19］ 张哲. 超声作用下的铝/钛异种材料搅拌摩擦搭接焊工艺研究 ［D］. 沈阳：沈阳航空航天大学, 2018.

［20］ Yao W, Wu A, Zou G, et al. Formation process of the bonding joint in Ti/Al diffusion bonding ［J］. Materials Science & Engineering：A, 2008, 480 (1-2)：456-463.

［21］ Kim Y C, Fuji A. Factors dominating joint characteristics in Ti - Al friction welds ［J］. Science and

Technology of Welding and Joining, 2002, 7 (3): 149-154.

[22] Dressler U, Biallas G, Mercado U A. Friction stir welding of titanium alloy TiAl6V4 to aluminium alloy AA2024-T3 [J]. Materials Science & Engineering: A, 2009, 526 (1-2): 113-117.

[23] Li Q, Ma Z, Ji S, et al. Effective joining of Mg/Ti dissimilar alloys by friction stir lap welding [J]. Journal of Materials Processing Technology, 2020, 278: 116483

[24] Ren D, Zhao K, Pan M, et al. Ultrasonic spot welding of magnesium alloy to titanium alloy [J]. Scripta Materialia, 2017, 126: 58-62.

[25] Tan C, Song X, Chen B, et al. Enhanced interfacial reaction and mechanical properties of laser welded-brazed Mg/Ti joints with Al element from filler [J]. Materials Letters, 2016, 167: 38-42.

[26] Song Q, Ma Z, Ji S, et al. Influence of pin offset on microstructure and mechanical properties of friction stir welded Mg/Ti dissimilar alloys [J]. Acta Metallurgica Sinica (English letters), 2019, 32: 1261-1268.

6 搅拌摩擦绿色再制造

在航空航天领域，铝、镁合金作为轻量化结构材料的代表，已广泛应用于飞机蒙皮、航天器燃料贮箱等部件中。由于资源的不断消耗，实现产品的绿色循环制造是当下和未来的发展趋势。2006 年，国务院发布的《国家中长期科学和技术发展规划纲要（2006—2020）》指出：未来限制我国经济可持续发展的主要瓶颈是资源匮乏。传统产品的使用寿命周期为"研制—使用—报废"的开环系统。再制造技术的提出可实现产品的绿色循环使用，即"研制—使用—报废—再制造"的闭环系统，利于降低资源消耗，具有突出的节能减排效益。大量航空航天等领域的金属结构件在使用过程中不可避免地产生各种缺陷，飞机蒙皮的腐蚀坑、航空结构中的超差孔等，影响金属结构件的使用性能，严重时甚至导致产品报废。因此，对含缺陷的金属结构件进行绿色修补具有重要的意义。目前，修补金属材料缺陷的方法主要包括传统熔化焊、电火花合金化、激光多层涂敷等。其中，熔焊修复方法的机制是基于材料熔化，但过大的局部热输入易造成组织粗大且无法避免气孔与裂纹等二次缺陷的产生；电火花合金化与激光多层涂敷仅适用于金属结构件的表面缺陷修复，应用对象受到限制。作为一种新型的固相修复技术，搅拌摩擦修复技术（Friction stir repairing，FSR）在面积型与体积型缺陷的绿色修补方面具有优势。本章主要介绍课题组采用 FSR 技术在修复铝、镁合金缺陷方面取得的成果，具体涉及 FSR 的原理及优势、缺陷类型及定义、新型修复方法及特色等。

6.1 技术基本原理与优势

6.1.1 原理与优势

传统的焊接修复方法总存在各种问题，如修复区的力学性能不理想、修复构件的材料种类局限性大、修复工艺对试件的要求较高或修复效率较低且成本高等。FSR 的原理是搅拌工具对待修复区域进行搅拌并产生摩擦热与塑性变形热，塑化待修复区域及其附近的金属，并在轴肩的挤压作用下实现面积或体积型缺陷的固相修复。FSR 由 FSW 技术演变而来，是一种固相修复技术，优势如下：

①FSR 可以避免常规熔化焊伴随的气孔和热裂纹等二次焊接缺陷，利于提高修复质量。此外，FSR 工艺还具有修复后残余变形小及应力低的优势。

②FSR、SZ 由细小的等轴晶组成且 HAZ 及 TMAZ 的软化程度较小，利于获得力学性能波动幅度较小的修复区。

③FSR 的可修复材料范围广泛，适用于包括铝、镁、钛等在内各种金属的焊接修复。

④FSR 过程更加稳定可靠，修复效率高；由于无毒气产生和液体飞溅，FSR 是一种绿色环保的焊接修复技术；由于热输入相对熔化焊较低，FSR 是一种节能的焊接修复方法。

6.1.2　缺陷类别

根据在修复过程中是否添加额外材料，将 FSR 可修复的缺陷分为两类：面积型与体积型。面积型缺陷主要是指裂纹类缺陷，不仅容易出现在焊接、热处理和铸造等工艺中，还会在金属结构服役过程中由循环载荷长期加载所形成。裂纹是拉伸、疲劳断裂的根源，其不断扩展会导致金属结构的失效，是最典型的金属表面/内部缺陷。对于面积型缺陷，在 FSR 过程中不需添加额外材料。体积型缺陷主要分为孔洞类和长体积类。对于孔洞类缺陷，研究工作者多以匙孔为对象开展研究。长体积类缺陷的种类很多，比如 FSW 接头中的沟槽和隧道等、铸造结构中的成分偏析等。与面积型缺陷相区别，体积型缺陷需要在 FSR 过程添加额外材料。

6.1.3　修复技术分类

近年来，国内外学者主要针对 FSW 工艺易产生的缺陷（沟槽、匙孔等）以及铸造中的缺陷（气孔、缩孔等）进行研究，并根据缺陷的形状/尺寸特征开发了多种新型的 FSR 技术。对于面积型缺陷，FSR 的技术原理/工艺过程与 FSW 基本相同，因此学者的相关研究较少。对于体积型缺陷，FSR 工艺更多地需关注添加材料与母材间的界面行为，是国内外学者的研究热点。本研究组开发了多种适用于体积型缺陷的新型 FSR 工艺方法（表 6-1），以适应不同位置（表面、近表面、内部等）及大小（孔洞或长体积类）的缺陷修复。表 6-2 给出了研究用典型 FSW 缺陷的特征与诱因。

表 6-1 体积型缺陷种类与修复工艺

缺陷类型	种类	修复工艺方法
长体积型	长体积型表面下凹	水平补偿搅拌摩擦修复
	沟槽、隧道、间隙	垂直补偿搅拌摩擦修复
	近表面的体积缺陷	被动填充搅拌摩擦修复
孔洞型	内部或大深度体积缺陷	主被动填充搅拌摩擦修复
	机械连接孔的超差	径向增材式搅拌摩擦修复

表 6-2 研究用典型 FSW 缺陷的特征与诱因

缺陷	特征	定义	诱因
匙孔		带针搅拌头回抽后焊缝末端形成的宏观孔洞	带针搅拌头在焊后撤离焊接板材,所留孔洞未被塑化材料填充而形成的缺陷
孔洞		FSW 接头内部材料填充不足而留下的空腔,呈现不规则的形状	焊接热输入过低或过高导致材料流动不/过充分,在接头内部形成孔洞
沟槽		孔洞缺陷延伸到 FSW 焊缝上表面,在 AS 形成型沟状焊接缺陷	焊接过程中热输入严重不足或材料流动极不充分所导致的缺陷
下凹		FSW 接头焊缝表面低于原始母材表面所引起的焊接缺陷	在焊接过程中,组成搅拌头的轴肩需压入母材以保证焊接热输入,但在表面导致下凹缺陷

6.2 面积型缺陷搅拌摩擦修复

课题组主要以铸造结构中的面积型缺陷为例进行 FSR 研究。面积型缺陷包括裂纹、小尺寸气孔/缩孔等,此类缺陷不用额外的填充材料,即利用铸件本身的加工余量即可实现缺陷的修复。当裂纹到铸件表面的距离小于 2 mm 时,可采用无针搅拌头进行修复。当距离大于 2 mm 且裂纹沿板平面的长度大于轴肩直径时,采用有针搅拌头进行修复;修复后留下的匙孔型缺陷可利用体积型缺陷的修复工艺进行再次修复。特别地,当裂纹到铸件表面的距离大于 2 mm 且裂纹长度小于轴肩直径时,可直接按体积型缺陷的"先挖后填"工艺过程进行修复。

图 6-1 为面积型缺陷 FSR 工艺过程与试验结果。对于铸造合金而言,铸造缺陷(如缩松、缩孔等)是难以避免的,严重影响铸件的力学性能。莫德锋等人[1]的研究表明,尺寸大于 80 μm 的缩孔缺陷会严重影响铝合金铸件结构的疲劳性能。为更

好地确定缺陷的位置，需要对待修复试板表面和内部进行无损检测。图 6-1b 和 c 分别为无损检测结果和含缺陷的试板内部显微形貌，其中缩孔缺陷尺寸达到 200 μm 左右。图 6-1d 为修复区的横截面形貌。修复区划分为 SZ、TMAZ、HAZ 及母材。其中 SZ 又包括 SAZ（Shoulder affected zone，SAZ）和搅拌针影响区（Pin affected zone，PAZ）。SZ 呈"碗状"形貌，铸造缺陷被成功修复且无其他缺陷产生。由于受力方向的不同，前进侧的 TMAZ 要比后退侧清晰。

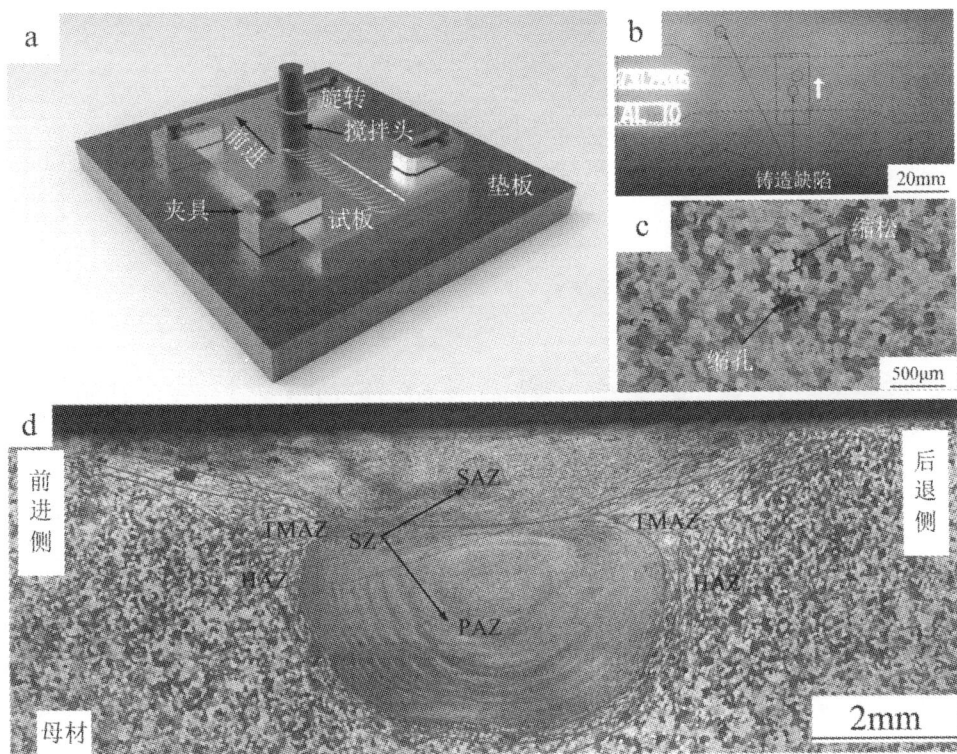

a. 工艺过程示意图；b. 缺陷检测；c. 缺陷形貌；d. 修复区横截面

图 6-1　面积型缺陷 FSR 工艺过程与试验结果[2]

试验用无铸造缺陷母材的拉伸强度和延伸率分别为 371.2 MPa 和 14.4%。图 6-2a 为 SZ 的应力-应变曲线。图 6-2b 为修复区的拉伸强度与延伸率。随着焊速从 100 mm/min 增加到 200 mm/min，修复区的拉伸强度和延伸率先增大后减小。当焊速为 150 mm/min 时，修复区的拉伸强度和延伸率分别达到最大值 301.6 MPa 和 11.06%，相当于母材的 81.3% 和 76.8%。修复区的拉伸性能低于母材，这主要与在修复过程中经历热循环的 HAZ 发生严重软化现象有关。HAZ 是修复区的薄弱环节，成为受外载时的断裂之处。图 6-2c 为 150 mm/min 焊速下的断口形貌，断口表面具有较多的韧窝，属于典型的韧性断裂。另外，在焊速为 150 mm/min 时，SZ 的拉伸强度和延伸率分别达到 336.8 MPa 和 11.75%，相当于修复区的 111.7% 和 106.2%。

SZ 的拉伸性能高于修复区，这主要与 SZ 发生动态再结晶有关。为更加直观地说明工艺参数对修复区质量的影响，从力学性能、表面成型等方面构筑雷达图（图 6-2d）。

综上，由于具有绿色、高质等特点，FSR 在金属构件成型或服役过程产生的裂纹等面积型缺陷的修复方面具有较好的优势，是一种有效、可行的缺陷修复工艺。

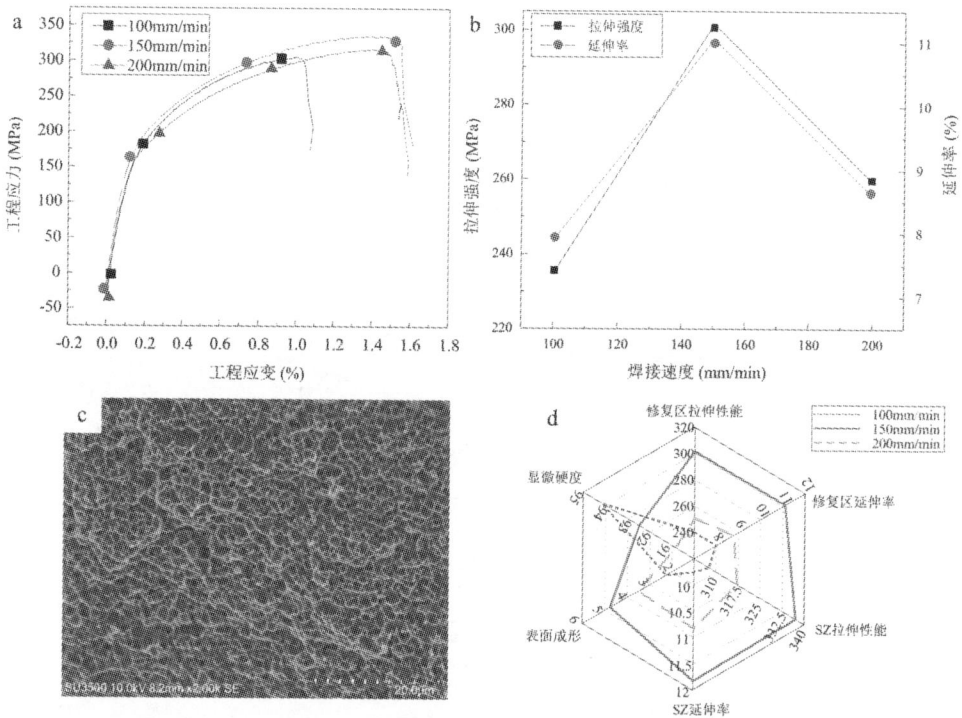

a. SZ 的应力-应变曲线；b. 修复区的拉伸性能；c. 断口形貌；d. 雷达图

图 6-2　面积型缺陷 FSR 的力学性能分析[2]

6.3　体积型缺陷搅拌摩擦修复

6.3.1　水平补偿搅拌摩擦修复

在常规 FSW 过程中，搅拌头需对待焊材料施加足够大的顶锻力以保证产生充足的摩擦热，但伴随着产生了表面下凹。不可避免的表面下凹可视为体积型缺陷，不仅影响焊接接头的表面质量，还会因几何应力集中及焊缝减薄而降低接头承载能力。鉴于此，课题组提出了水平补偿搅拌摩擦修复（Level compensation FSW，LCF-SR），其工艺过程见图 6-3a。在焊前，两待焊板材的对接区上表面预制一小凸台；在焊接过程中，搅拌头的轴肩主要与小凸台接触且下压量小于凸台高度；焊接完成后，通过铣削去除凸台进而获得与母材等厚的焊缝区。以 6061-T6 铝合金为对象进行了 LCFSW 工艺研究，试验结果如图 6-3b~f 所示。其中，凸台的高度设计为 0.4 mm；对接板凸台的宽度为 7 mm，其值大于组成搅拌头的轴肩半径（5 mm）。

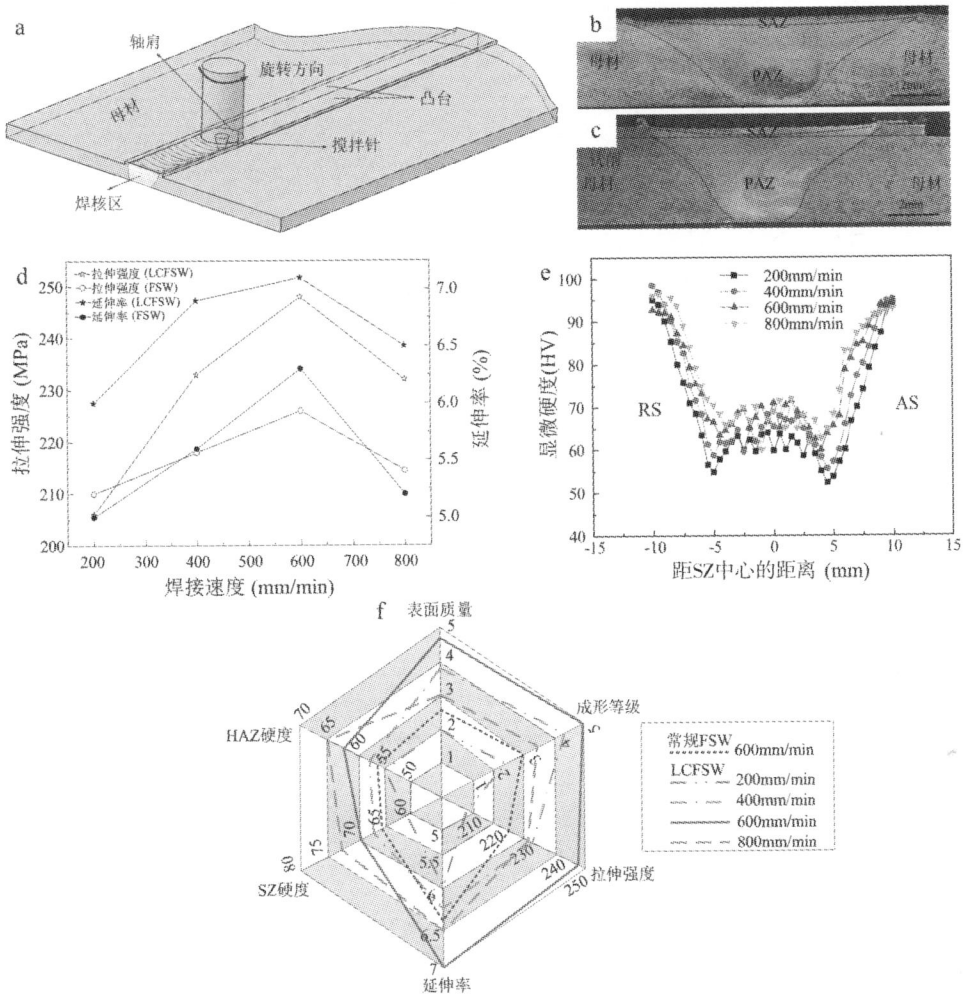

a. 焊接工艺示意图；b. 常规 FSW 接头形貌；c. LCFSW 接头形貌；d. 拉伸性能；e. 显微硬度；f. 雷达图

图 6-3　LCFSW 工艺过程与试验结果[3]

图 6-3b 和 c 分别为常规 FSW 和 LCFSW 接头的横截面形貌。无论是常规 FSW 还是 LCFSW，焊缝减薄不可避免，且在焊缝上部存在 SAZ。对于热处理强化型铝合金，SAZ、TMAZ、HAZ 都属于受焊接热输入影响的区域，会出现不同程度的软化现象，即受热后材料的力学性能弱于母材。对于 LCFSW 来说，焊缝区的减薄量小于凸台的高度（图 6-3c），在焊后通过铣切加工可获得表面平整的焊接接头，利于焊接接头承载能力的提高。值得一提的是，焊后铣切加工将去掉大部分或全部的 SAZ 以及受热影响最严重的 TMAZ 与 HAZ 上部，亦利于提高接头的力学性能。图 6-3d

为常规 FSW 和 LCFSW 接头在不同焊速下的拉伸强度和延伸率。随着焊速的增加，常规 FSW 和 LCFSW 接头拉伸强度和延伸率均呈现出先增大后减小的规律；LCFSW 接头的拉伸强度和延伸率均高于常规 FSW 接头，在焊速 600 mm/min 时分别达到最大值（248 MPa 与 7.0%）。

LCFSW 接头的显微硬度分布呈现 "W" 形状（图 6-3e）。SZ 的显微硬度高于 TMAZ 和 HAZ，HAZ 的显微硬度最小。这主要是由于 SZ 因发生动态再结晶而由细小的等轴晶组成，而 HAZ 的晶粒因受热而粗化。同时，前进侧 HAZ 的显微硬度低于后退侧，因此接头显微硬度在 SZ 中心两侧呈现不对称分布。随着焊速的提高，焊接热输入减小，使焊接过程中的峰值温度降低，导致接头软化区的宽度和软化程度减小。图 6-3f 为 LCFSW 接头质量雷达图，可全面评价不同工艺参数下接头的质量。

综上，焊前在待焊区域预置小凸台的 LCFSW 工艺可获得表面质量优良的焊接接头，具有无减薄、无弧纹与无飞边的特征；由于焊后铣切加工可去除受热影响最严重的区域，因此合理匹配轴肩直径与小凸台宽度利于获得高力学性能的焊接接头。

6.3.2 垂直补偿搅拌摩擦修复

对于 FSW 的对接接头，两对接面间的缝隙难以避免；为保证 SZ 内部的成型质量，间隙一般不能超过待焊板材厚度的 10%。然而，在实际焊接过程中，大间隙往往难以完全避免，比如大型结构件由加工误差的累积而导致的大间隙、搅拌头在焊接过程中的挤压作用会加大对接面间隙。事实上，基于体积不变原则，当搅拌头轴肩下压造成的表面凹陷的体积大于对接面间隙的体积时，FSW 的 SZ 内部在合理的工艺参数下可避免孔洞等缺陷的产生；否则，只能通过添加额外材料的方法以保证焊接质量。为解决对接面间隙过大而带来的问题，课题组提出一种垂直补偿搅拌摩擦修复（Vertical compensation friction stir reparing，VC-FSR）工艺。当然，VC-FSR 工艺亦可以修补由 FSW 工艺不当而导致的沟槽或隧道缺陷。下面仅以对接面间隙过大时为例对 VC-FSR 工艺进行介绍。

（1）常规 VC-FSR

图 6-4 为常规 VC-FSR 工艺过程与成型形貌。在 VC-FSR 过程中，为保证添加材料（补偿条）与母材间充分混合以尽可能减少弱连接等缺陷，可基于搅拌头破碎添加材料的思想开展工作；对于 FSW 工艺，搅拌头的搅拌作用及 SZ 内温度均随到试板上表面距离的增加而降低，使 SZ 底部的补偿条与母材间易出现弱连接缺陷。课题组在 VC-FSR 过程中采用的补偿条材料熔点低于母材。选择待焊材料为 7N01-T4 铝合金且补偿条为熔点较低的 2024-T4 铝合金为研究对象，进行了 VC-FSR 工艺研究。图 6-4a 和 b 为焊接装夹及工艺过程示意图。图 6-4c~e 分别为无补偿条、补

偿条宽度为 1 mm 及补偿条宽度为 1.5 mm 条件下接头的表面成型。在常规 FSW 过程中，间隙的存在会降低搅拌头与母材之间的有效接触面积，导致摩擦热不足，进而使材料流动性变差；间隙的存在使 SZ 内缺少充足的材料。因此，在无补偿材料条件下 SZ 容易出现沟槽缺陷（图 6-4c）。事实上，间隙的存在亦会降低搅拌头与母材间的顶锻压力，不利于接头的成型[4]。尽管可通过适当加大轴肩下压量的方法来提高搅拌头与母材的顶锻力及摩擦热、弥补由间隙过大带来的 SZ 内材料不足问题，但大的下压量会使 SZ 的减薄加大，不利于获得高承载能力的焊接接头。因此，对于大间隙的对接接头，添加补偿条是一个更好的选择。图 6-4d 和 e 分别为在 2 000 r/min-50 mm/min 下不同补偿条宽度所得到的表面形貌。当补偿条为 1 mm 时得到的表面成型良好；补偿条宽度为 1.5 mm 时表面出现沟槽缺陷。在 VC-FSR 过程中，摩擦热与搅拌头和工件之间的有效接触面积、摩擦系数有关，且 SZ 的温度峰值可达母材熔点温度的 90%[5,6]。随着补偿条宽度从 1 mm 增加到 1.5 mm，搅拌头与母材的有效接触面积减小，而搅拌头与补偿条的接触面积增大；补偿条在高温下更容易软化，使摩擦系数变小，不利于获得大的摩擦热。因此，与 1 mm 补偿条相比，1.5 mm 补偿条作用下的 SZ 温度较低，使材料流动应力较高，进而导致沟槽缺陷的产生（图 6-4e）。

图 6-4f 为常规 VC-FSR 接头的横截面形貌。与常规 FSW 接头类似，VC-FSR 接头也分为 SZ、TMAZ、HAZ 及母材。在 SZ 存在黑白相间的片状结构。根据相关报道[7]，该现象主要与在金相腐蚀过程中凯勒试剂与材料间的作用效果差异有关。为了确定黑白相间片状结构的组成成分，进行了 SEM 扫描和 EDS 分析（图 6-4g）。由于 2024-T4 铝合金为铝-铜合金，7N01-T4 铝合金为铝-锌合金，所以主要检测铝、铜、锌 3 种元素来区分黑白相间的片状结构。EDS 成分分析结果如表 6-3 所示。图 6-4g 中点 1 和 3 处锌的百分含量符合 7N01-T4 铝合金成分，而点 2 和 4 处铜的百分含量符合 2024-T4 铝合金成分。因此，白色带（点 3）为 7N01-T4 铝合金，黑色带（点 2 与 4）为 2024-T4 铝合金[2]。

表 6-3 VCFSW 工艺的 EDS 分析结果

转速（r/min）	焊速（mm/min）	补偿条宽度（mm）	位置	成分（wt%）		
				Al	Zn	Cu
2000	50	1	1	95.19	4.63	0.18
			2	95.55	0.19	4.26
			3	95.29	4.56	0.15
			4	95.25	0.23	4.52

图 6-5a 为 VCFSW 接头的显微硬度分布。7N01-T4 铝合金为热处理强化型铝合

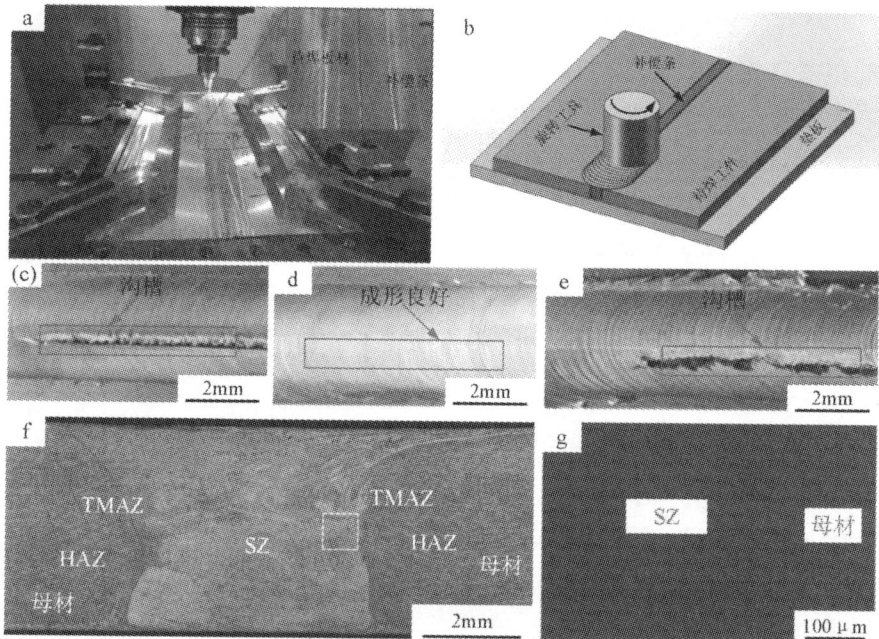

a. 焊接装夹；b. 工艺过程示意图；c. 无补偿条；d. 1 mm 宽补偿条；e. 1.5 mm 宽补偿条；f. 横截面形貌；g. f 中白色方框的 SEM 照片

图 6-4　常规 VCFSW 工艺过程与成型形貌[8]

金，在 VC-FSR 过程中受焊接热影响的区域都不可避免地出现软化现象，这是由强化相析出物的溶解、再析出和粗化所致[9,10]。因此，SZ、TMAZ 和 HAZ 的显微硬度低于母材。由于发生动态再结晶，SZ 的晶粒大幅度细化，进而其硬度高于 TMAZ 与 HAZ。焊接接头不同区域的受热影响以及晶粒尺寸的差异，使接头的硬度分布呈现典型的"W"形。在厚度方向上，热循环的不同以及搅拌针尺寸的不同导致晶粒尺寸及受 HAZ 域范围存在差异；接头底部的软化区范围小于接头上部，且底部硬度略高于上部硬度。

图 6-5b 为不同焊速下 VC-FSR 接头的拉伸强度和延伸率。随着焊速的增加，VC-FSR 接头的拉伸强度和延伸率均有所下降。当焊速在 50～200 mm/min 变化时，50 mm/min 焊速下的接头拉伸强度和延伸率最大，其值分别为 295.7 MPa 和 6.7%，相当于母材的 66% 和 39.4%。焊速对温度分布与峰值温度均有很大的影响，进而影响接头质量[11]。与高焊速相比，VC-FSR 过程中采用低焊速有如下两方面优势：提高 SZ 内的温度峰值，使添加材料的变形抗力更小，利于与母材间的充分混合；在相同的轴肩直径下，增加轴肩的顶锻作用时间，利于添加材料与母材间的冶金结合。这也是低焊速可获得高性能 VC-FSR 接头的原因。对于 FSW 接头，缺陷位置或最小硬度位置容易发生拉伸断裂[12]；在 VC-FSR 工艺中，添加材料与母材间的混合程度对接头的拉伸断裂亦有着重要影响。图 6-5c 和 d 分别为 50 mm/min 和 150 mm/min 焊速下 VC-FSR 接头的断裂位置。对于 50 mm/min 焊速下的接头，补偿材料与

母材在 SZ 充分混合, 致使硬度最小的 HAZ 成为薄弱环节 (图 6-5c)。对于 150 mm/min 焊速下的接头, SZ 内的补偿材料与母材间未充分混合, 两者间的界面成为弱连接缺陷产生根源, 因此 SZ 是接头的薄弱环节 (图 6-5d)。图 6-5e 和 f 分别为 50 mm/min 和 150 mm/min 焊速下 VC-FSR 接头的断口形貌。VC-FSR 接头的断口由大量的韧窝和撕裂棱组成, 属于典型的韧性断裂; 与 150 mm/min 焊速相比, 50 mm/min 焊速下接头断口中的韧窝较深, 说明具有较好的韧性。一般来说, 高延伸率的接头易于获得优良的韧性, 因此, 图 6-5 中不同焊速下断口形貌的差异可间接证明接头延伸率测试结果的正确性。

综上, 对于大对接面间隙或 FSW 接头沟槽/隧道缺陷等问题, 基于添加额外补偿材料的 VC-FSR 工艺可获得高质量的焊接接头, 在材料焊接/缺陷修复的实际生产过程中具有良好的应用价值; 从提高接头质量的角度, 合理选择低熔点的补偿材料以及采用低焊接速度是必要的。

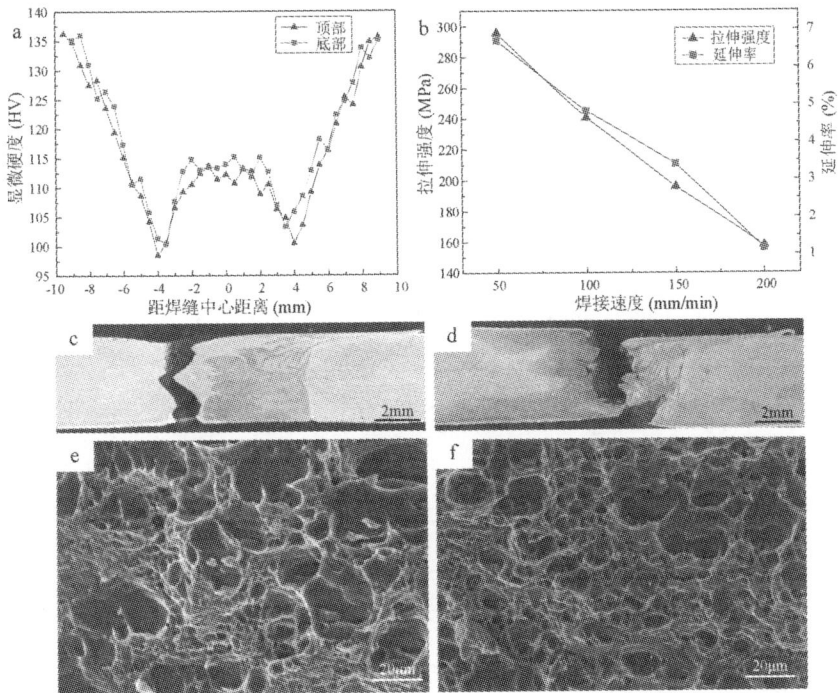

a. 显微硬度; b. 拉伸性能; 断裂位置; c. 50 mm/min; d. 150 mm/min; 断口形貌: e. 50 mm/min; f. 150 mm/min

图 6-5 常规 VC-FSR 力学性能分析结果[8]

(2) 静止轴肩辅助 VC-FSR

在 VC-FSR 过程中, 补偿材料与母材间的冶金结合效果是影响焊接接头质量的重要因素, 而增加 SZ 所受的顶锻力及作用时间利于增强冶金结合效果。鉴于此, 课题组在设计简易静止轴肩体 (图 6-6a) 的基础上, 进行了静止轴肩辅助 VC-FSR

工艺的研究，试验过程与结果见图 6-6b～h。其中，待焊母材为 6061-T6 铝合金，添加材料选择为低熔点的 2024 铝合金。为更好地分析 VC-FSR 工艺过程的温度变化以及补偿条宽度对于温度峰值的影响，采用 K 型热电偶对温度进行了试验测量。在焊接过程中高速旋转的搅拌头会驱动与之接触的物质进行高速迁移，因此基于热电偶的接触式测温方法难以获得完整的 SZ 温度循环曲线，而国内外学者多以非 SZ 的测温结果来间接反映 SZ 的规律。图 6-6b 和 c 为基于 K 型热电偶测量的 VC-FSR 过程示意图和测温结果。在对比图 6-4d 和 e 的成型差异时指出：低熔点补偿条的添加会降低 SZ 的温度峰值，且温度峰值会随着补偿条宽度的增加而降低。此观点可通过图 6-6c 的测温结果进行验证。低的 SZ 温度会造成材料流动应力较大，使 SZ 易产生孔洞等缺陷，因此焊接工艺参数与补偿条宽度间的匹配关系是保证焊接接头成型质量的重要因素。

图 6-6d 和 e 分别为常规和静止轴肩辅助 VC-FSR 表面成型，其中图 6-6d 与 e 对应的补偿条宽度分别为 1.5 mm 与 2.0 mm。常规条件下接头的表面粗糙且焊缝两侧产生很大的飞边（图 6-6d），不利于接头的成型质量。静止轴肩辅助条件下接头成型良好，即表面光滑且飞边非常小（图 6-6e）。在图 6-6d 中匙孔的底部可见孔洞缺陷，说明在焊缝内部有隧道型缺陷；缺陷的形成与 SZ 温度较低而导致的材料流动性较差密切相关。与常规 VC-FSR 相比，静止轴肩辅助 VC-FSR 的 SZ 温度更低，其原因如下：更宽的 2.0 mm 补偿条会使 SZ 内温度更低；静止轴肩会在焊接过程中吸收 SZ 内的热量。然而，图 6-6e 中的匙孔底部未见孔洞缺陷，说明低温 SZ 内的材料流动性良好。如第 3 章所述，旋转搅拌头外部的静止轴肩具有"密封回收"与"抹平"的效用，既能够消除常规工艺产生的表面弧纹、减小飞边，又能够加剧 SZ 内的材料流动。因此，静止轴肩的"增流"效用在 VC-FSR 工艺的成型质量方面起到重要作用。

图 6-6f 为静止轴肩辅助 VC-FSR 接头的横截面形貌，其中黑带和白带组成的涡状结构分布在整个 SZ。与常规 VC-FSR 工艺相同，静止轴肩 VC-FSR 的摩擦热主要由内部旋转搅拌头的轴肩和搅拌针与材料摩擦所产生。在 SZ，靠近轴肩区域的材料温度高于靠近垫板区域的材料温度。同时，SZ 内靠近轴肩区域的材料流动速率较高；随着到试板上表面距离的增加，SZ 内材料流动速率逐渐降低[13]。在静止轴肩 VC-FSR 工艺中，SZ 分为 SAZ 和 PAZ，两区域内均出现一涡状结构。这与两区域间的材料流动行为存在较大差异有关。事实上，静止轴肩的"吸热"效用使焊接接头沿厚度方向的温度梯度更小，且"增流"效用可使 SZ 内材料更易获得良好的流动性。因此，从破碎并均匀化补偿条的角度，静止轴肩辅助 VC-FSR 优于常规 VC-FSR。对图 6-6f 中方框区域进行成分分析，以便能更好地区别黑带和白带的成分。图 6-6h 和表 6-4 分别为方框区域在 SEM 下的放大图和成分测试结果。分析可知：黑色区域为 2024-T4 铝合金，而白色区域则为 6061-T6 铝合金。图 6-6f 中沿板厚方

向的两个黑白相间涡状结构说明了母材与补偿条在 SZ 内混合充分，是静止轴肩"增流"效用的重要体现。

表 6-4 静止轴肩工艺 EDS 分析结果

转速（r/min）	焊速（mm/min）	补偿条宽度（mm）	位置	成分（wt%）		
				Al	Mg	Cu
			1	99.52	0.39	0.10
2 000	50	1.5	2	97.73	0.65	1.62
			3	97.60	0.58	1.82

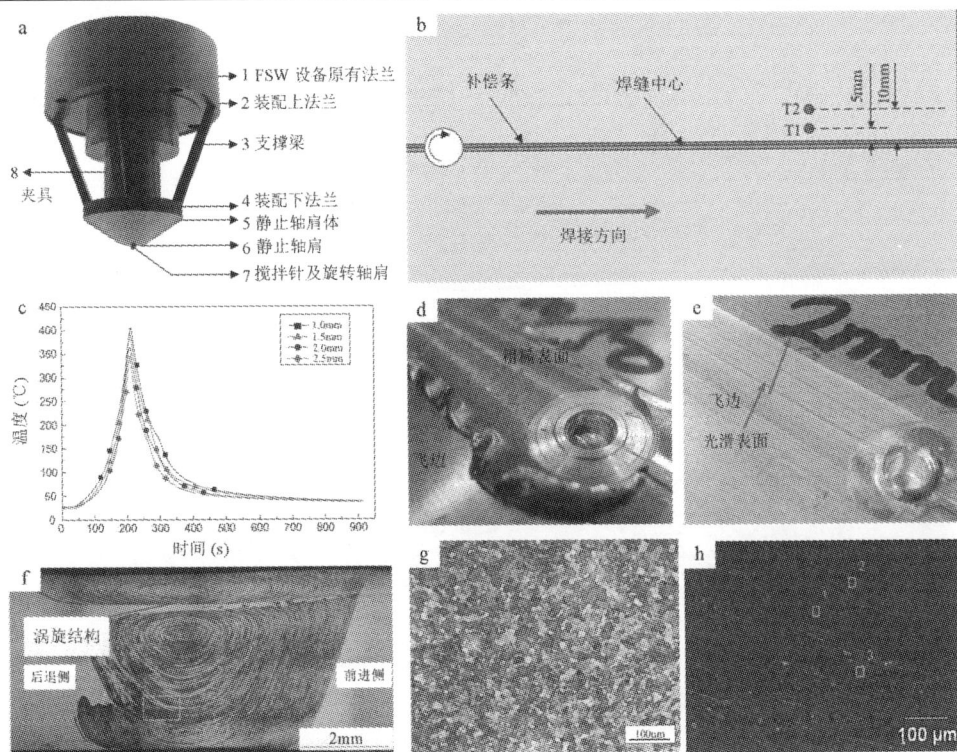

a. 静止轴肩装置；b. 工艺过程；c. 测温结果；d. 常规 VC-FSR 表面形貌；静止轴肩 VC-FSR：e. 表面形貌；f. 横截面形貌；g. 显微组织；h. SEM 照片

图 6-6 静止轴肩辅助 VC-FSR 试验过程与结果[14]

对静止轴肩 VC-FSR 接头的拉伸和弯曲性能测试结果见表 6-5 与图 6-7，其中接头制备过程中的搅拌针尖端直径为 3 mm。在静止轴肩 VC-FSR 工艺中，搅拌针和焊件之间的有效接触面积对材料的流动起着至关重要的作用。当补偿条宽度为 1 mm 时，搅拌针与母材和补偿条之间均有充足的接触面积，可保证母材与补偿材料间的充分混合。随着补偿条宽度的增加，搅拌针和母材之间的接触面积逐渐变小，SZ 峰值温度降低，最终导致补偿条与母材之间的相互作用减弱且材料混合不充分。此外，由补偿条宽度增加引起的 SZ 峰值温度的降低亦减弱补偿条碎片与母材之间界面的原子扩散，增加弱连接缺陷发生的概率。在焊速和转速相同的条件下，随着补偿条宽度的增加，VC-FSR 接头的力学性能逐渐降低（表 6-5）。在 VC-FSR 工艺中，合理增加焊接过程中 SZ 的峰值温度有利于提高接头的力学性能。当转速（2 000 r/min）不变且焊速在 50~200 mm/min 间变化时，静止轴肩辅助 VC-FSR 接头的最大拉伸强度和延伸率在 50 mm/min 下获得，其值分别达到 214MPa 和 5.7%，为母材的 75.1% 和 58.8%。

综上，VC-FSR 工艺是一种实现大间隙对接面的焊接或对长体积型缺陷（如 FSW 接头中沟槽或隧道缺陷）进行修复的有效手段，有着众多的应用对象；在焊接过程中辅以静止轴肩不仅可通过"密封回收"与"抹平"的效用获得无弧纹且小飞边的良好表面成型，还可利用"增压""增流"效用改善内部成型以获得高承载的焊接接头。

表 6-5　不同宽度的补偿条接头拉伸和弯曲性能

宽度 （mm）	转速 （r/min）	焊速 （mm/min）	拉伸强度 （MPa）	延伸率 （%）	正弯 （°）	背弯 （°）
1.0	2 000	50	214	5.7	180	180
1.0	2 000	100	185	4.8	180	180
1.0	2 000	200	152	2.0	180	开裂
1.5	2 000	50	205	4.6	180	180
1.5	2 000	100	135	2.6	180	开裂
1.5	2 000	200	108	1.3	180	开裂
2.0	2 000	50	198	4.5	180	180
2.0	2 000	100	142	2.7	开裂	开裂

6.3.3　被动填充搅拌摩擦修复

针对深度较小的匙孔或邻近表面的体积型缺陷，课题组提出了被动填充搅拌摩擦修复（Passive filling friction stir repairing，PFFSR），亦可称作钻-填搅拌摩擦修复（Drilling-filling friction stir repairing，D-FFSR）。修复前，需要使用特定搅拌头将体积型缺陷预制成设计形状（比如圆柱体）；将填充材料放到预制孔内后，使用无针搅拌头进行缺陷修复。下面对 D-FFSR 涉及的钻孔、填充、修复和回撤 4 个阶段进行详细介绍（图 6-8a）。首先，利用较小轴肩直径的无针搅拌头将不规则体积型缺陷修整成规则的圆柱孔。其次，在孔内填充直径与圆柱孔径相同的柱形材料。然后，使用一较大轴肩直径的无针搅拌头对填充材料进行搅拌摩擦并实现柱形填充材料与预制孔间的连接。最后，搅拌头回撤，完成缺陷修复。

在 D-FFSR 工艺过程中，材料流动对修复界面的原子扩散和冶金结合具有重要

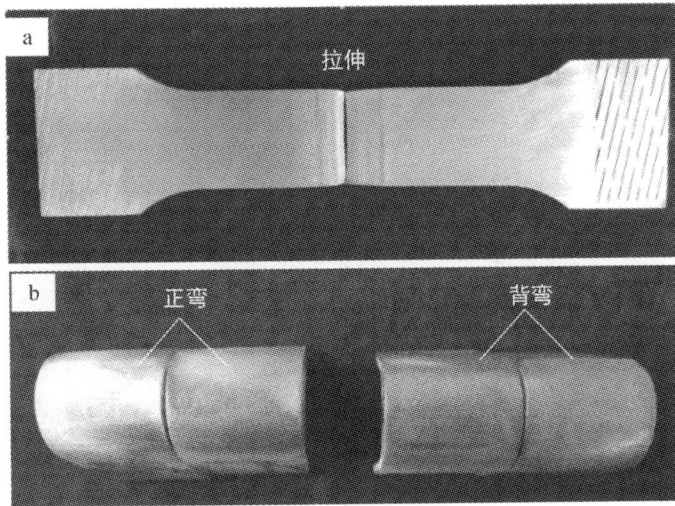

a. 拉伸试样；b. 正弯与背弯试样

图6-7 静止轴肩VC-FSR接头的测试试样与结果[14]

的影响。研究用的搅拌头为内凹六螺旋槽无针搅拌头；在修复过程中槽内的塑化材料受两种力的作用（图6-8b）：槽侧壁提供的正压力 P、塑化材料与槽侧壁之间的摩擦力 f。P 与 f 的合力为 NP，合力方向决定材料的流动方向。当如图6-8b中所示无针搅拌头以顺时针旋转时，轴肩下方的塑化材料在正压力和摩擦力的作用下向 SZ 中心区域汇集，进而驱动填充材料向下流动并在填充区下部附近形成材料集聚区。材料集聚区会增加填充材料与母材间的界面作用力，利于增强二者间的原子扩散及冶金结合效果。相反地，当搅拌头逆时针旋转时，轴肩下方的材料将向 SZ 外流动，造成 SZ 内材料的损失，不利于修复质量。图6-8c和d分别为下压量为0.2 mm与0.3 mm下所得到的横截面形貌。修复区包括 SZ、TMAZ、HAZ 和母材，如图6-8d所示。SZ 又可以划分为填充影响区（Filling affected zone，FAZ）和钻孔影响区（Drilling affected zone，DAZ）。另外，在图6-8c中的区域A、B与C处分别发现了弱连接、间隙及孔洞缺陷，而图6-8d中的横截面成型良好。这说明增大下压量利于填充材料与母材间的相互作用并获得更好的固态焊合效果。然而，大的下压量会造成 SZ 的严重减薄，不利于修复后的承载能力。因此，对于 D-FFSR 工艺来说，选择合理的下压量对于修复质量至关重要。

图6-8e为0.3mm下压量下D-FFSR修复区的显微硬度分布。硬度在 FAZ 和 DAZ 中呈均匀分布且上下浮动范围较小；TMAZ 的显微硬度略低于母材和 SZ。根据 Hall-Petch 公式可知，材料的显微硬度与晶粒尺寸密切相关；一般来说，晶粒尺寸越小，显微硬度越大。然而，对于 AZ31B 镁合金而言，当显微组织晶粒小于 $8~\mu m$ 时才遵循 Hall-Petch 公式[16-18]，且当晶粒尺寸小于 $1~\mu m$ 时显微硬度迅速升高；当晶粒尺寸大于 $10~\mu m$ 时，显微硬度随晶粒尺寸变化不明显[17,18]。0.3 mm 下压量下

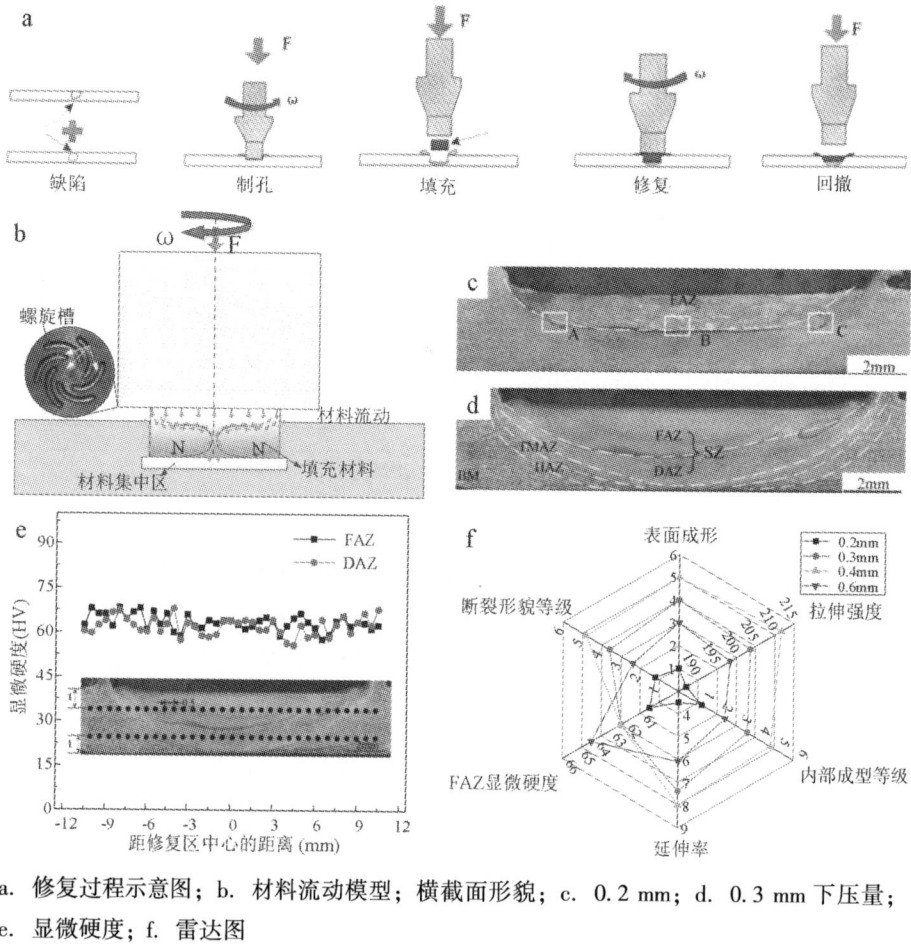

a. 修复过程示意图；b. 材料流动模型；横截面形貌；c. 0.2 mm；d. 0.3 mm 下压量；
e. 显微硬度；f. 雷达图

图6-8 D-FFSR 工艺过程与试验结果[15]

DAZ 和 FAZ 的晶粒尺寸均大于 10 μm，所以显微硬度波动不大且与母材硬度值相当。从变形协调性的角度来说，修复后各区域间的显微硬度差异越小越有利。因此，在修复过程中，可对 AZ31B 镁合金 SZ 的晶粒尺寸进行调控以期获得高质量的修复区。

此外，为进一步评价 D-FFSR 工艺修复区的质量，将不同下压量下修复区的试验结果绘制成雷达图（图6-8f）。下压量从 0.2 mm 增加到 0.6 mm 时，拉伸性能先增加后降低。D-FFSR 修复区的拉伸强度和延伸率在下压量为 0.4 mm 时最佳，分别为 217 MPa 和 8%。下压量过小时，填充材料与母材间界面原子扩散行为不佳，容易造成弱连接、孔洞和间隙等缺陷。这些缺陷会导致应力集中，降低修复区的力学性能。下压量过大时，SZ 沿厚度方向减薄严重，难以获得高承载能力的修复区。

综上，D-FFSR 工艺能够成功地修复（近）表面体积型缺陷；为保证/提高修复质量，优化轴肩形貌及优选焊接工艺参数是必要的。然而，由于无针搅拌头可有效驱动其下方材料的范围有限，因此 D-FFSR 无法修复大深度的体积型缺陷。

6.3.4　主被动填充搅拌摩擦修复

（1）AZ31B 镁合金 A-PFFSR

为实现以匙孔为典型代表的大深度体积型缺陷的修复，课题组提出了一种主被动填充搅拌摩擦修复（Active-passive filling frictionstir repairing，A-PFFSR）工艺（图 6-9a）。A-PFFSR 主要分为两个阶段：主动填充（Active filling，AF）阶段和被动填充（Passive filling，PF）阶段。在 AF 阶段，利用无针搅拌头将匙孔周围的材料挤压入匙孔底部，实现匙孔深度的减小。在 PF 阶段，将额外的材料填入深度变小的匙孔内，利用无针搅拌头实现填充材料与母材间的固相连接。根据匙孔缺陷的深度不同，A-PFFSR 工艺可由多次 AF 阶段与一次 PF 阶段组成。AF 阶段的次数与单次修复深度有关；对于图 6-9b 所示的无针搅拌头，单次 AF 可修复的深度为 1.5 mm 左右。当匙孔深度为 4 mm 时，A-PFFSR 工艺的缺陷修复过程包括两次 AF 与一次 PF。图 6-9b 给出了 4 种类型搅拌头。其中，带针搅拌头用于预制匙孔，直径为 6 与 10 mm 的无针搅拌头用于一次与二次 AF 阶段，直径为 14 mm 的无针搅拌头用于 PF 阶段。对于固相连接来说，决定两材料间焊接冶金效果的关键因素是原子扩散行为，其受到温度、压力与时间等的影响[19]。在 PF 阶段，无针搅拌头的直径要大于匙孔直径，以给予填充材料充足的焊接热输入以及顶锻作用，保证填充材料的良好材料流动性以及填充材料与母材间的原子扩散效果。当无针搅拌头顺时针旋转时，修复过程中的材料流动特性如图 6-9c 所示。如前所述，在螺旋槽施加的正压力和摩擦力共同作用下，在 AF 阶段中塑化材料向轴肩下方中心流动；由于匙孔底部缺少材料，向轴肩中心下方聚集的材料进一步向匙孔底部流动。随着无针搅拌头的旋转和下压，越来越多的材料堆积于匙孔底部。此外，匙孔周围的部分材料未通过螺旋槽转移，而是在无针搅拌头的顶锻力作用下直接向匙孔底部流动。因此，AF 修复过程是在两种材料流动特性共同作用下完成的（图 6-9c。PF 修复过程的材料流动行为与 6.3.3 节类似，不再赘述。

在 AF 阶段，匙孔缺陷的深度逐渐变浅，而直径逐渐变大；对于 PF 阶段，在具有较大轴肩直径的无针搅拌头和额外填充材料的共同作用下，匙孔被完全填充，获得表面良好的修复区（图 6-9c）。图 6-9e 为 A-PFFSR 修复区的横截面形貌。修复区分为五个区域：被动填充区（Passive filling zone，PFZ）、主动填充区（Active filling zone，AFZ）、TMAZ、HAZ 和母材。PFZ 与 AFZ 组成 FAZ；在无针搅拌头提供的热量及顶锻作用下，PFZ 和 AFZ 界面结合良好；由于在 PF 阶段使用的填充材料高度大于匙孔的深度，修复区的减薄量较小，利于力学性能的提高。图 6-9f 和 g 分别为 PFZ 和 AFZ 的显微组织。由于发生了动态再结晶，PFZ 和 AFZ 均由等轴细小的晶粒组成；由于经历的热输入以及散热条件存在较大差异，PFZ 与 AFZ 的晶粒大小明显不同。与一次 AF 阶段相比，PF 阶段使用了更大直径的无针搅拌头，导致在修复过程中经历更高的温度峰值；一次 AFZ 与底部垫板相接触，拥有比 PFZ 更大的冷却速度。因此，PFZ 晶粒的尺寸大于一次 AFZ 晶粒，其值分别是 7.2 μm 与 5.9 μm。

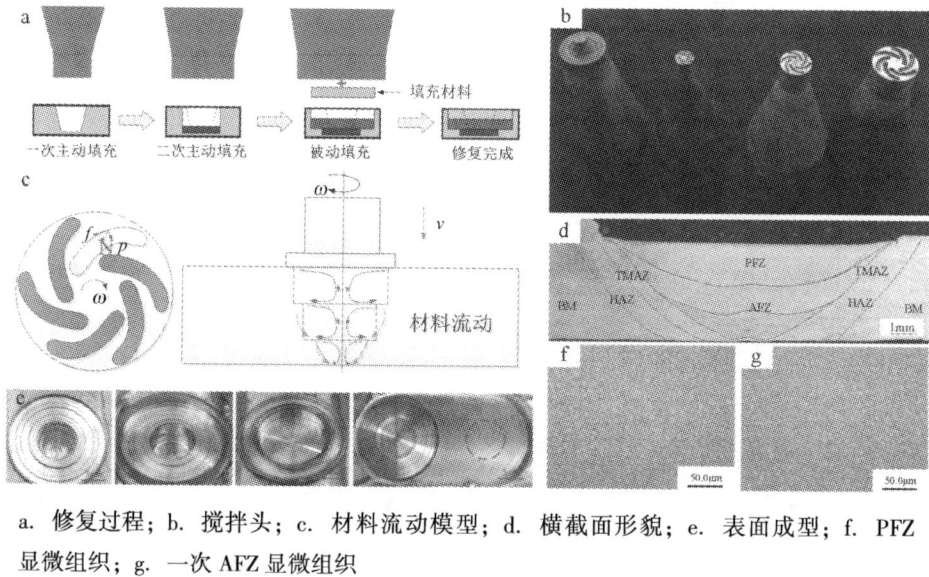

a. 修复过程；b. 搅拌头；c. 材料流动模型；d. 横截面形貌；e. 表面成型；f. PFZ 显微组织；g. 一次 AFZ 显微组织

图 6-9 A-PFFSR 工艺过程与试验结果[20]

图 6-10 为 A-PFFSR 修复区的力学性能与断口形貌。A-PFFSR 修复区沿厚度方向的硬度分布如图 6-10a 所示。显微硬度测量线位置距修复区上表面分别为 1 mm、2.5 mm 和 3.5 mm。AZ31B 镁合金不属于热处理强化型合金，显微硬度主要由晶粒尺寸大小决定[15]。仅受热影响的 HAZ 晶粒最大，显微硬度最小；发生完全动态再结晶的 FAZ 晶粒最小，显微硬度最大，其值高于母材。因此，如图 6-10a 中所示的显微硬度沿平行修复区上表面的分布呈现"凸"形状。图 6-10b 为不同下扎速度参数下 A-PFFSR 修复区的拉伸性能。随着下扎速度的增加，修复区的拉伸强度和延伸率逐渐下降。当下扎速度为 1 mm/min 时，修复区的拉伸强度和延伸率达到 189.7 MPa 和 7.6%，分别相当于无缺陷 FSW 接头的 96.3% 和 98%；这里的无缺陷 FSW 接头是指基于 FSW 获得的 4 mm 厚 AZ31B 镁合金对接接头。

对于 AZ31B 镁合金的 A-PFFSR 工艺来说，热输入及其影响下的界面原子扩散行为是影响修复区拉伸性能的关键因素，进而影响断裂位置（图 6-10c~d）。在修复过程中，PAZ 与母材或 PAZ 与 AFZ 界面两侧的原子在搅拌头提供的热及顶锻力作用下发生相互扩散；由于扩散时间相对较短且固相修复温度相对较低，PFZ/AFZ 及 PFZ/母材界面的冶金结合效果难以达到令人满意的效果。这使修复区在受拉伸载荷时易从 PFZ/AFZ 及 PFZ/母材界面断裂（图 6-10d）。与 PFZ/母材界面不同，PFZ/AFZ 界面与搅拌头的顶锻力相垂直，利于获得更优的原子扩散行为。因此在较大热输入（1 mm/min）作用下，修复区的断裂位置主要是填充区与母材间的界面，而不是 PFZ/AFZ 的界面（图 6-10c）。

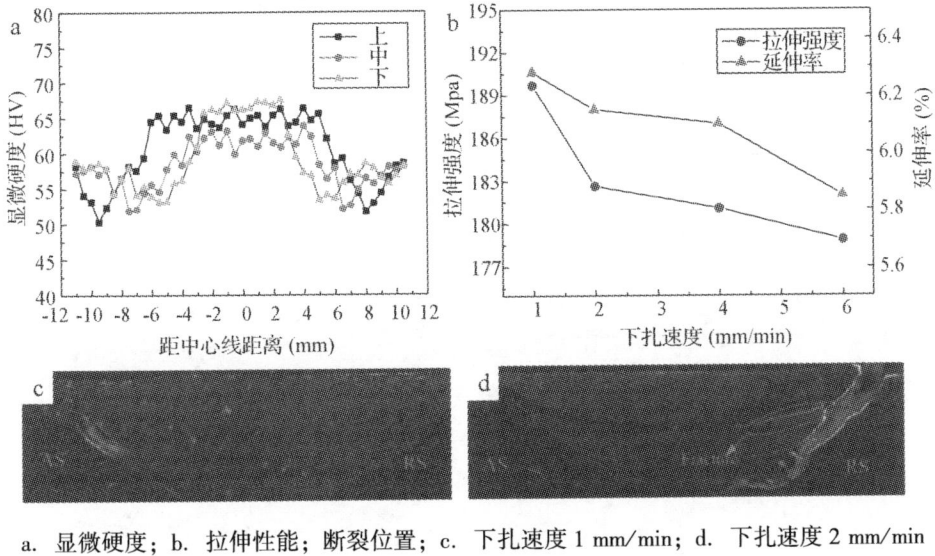

a. 显微硬度；b. 拉伸性能；断裂位置；c. 下扎速度 1 mm/min；d. 下扎速度 2 mm/min

图 6-10　A-PFFSR 力学性能与断口形貌[20]

（2）7N01-T4 铝合金 A-PFFSR

课题组还以 7N01-T4 铝合金 FSW 接头的匙孔为例进行了 A-PFFSR 工艺研究，修复区的显微组织见图 6-11。修复区分为 4 个区域：FAZ、TMAZ、HAZ 和母材；其中 FAZ 分为 PFZ、一次 AFZ 和二次 AFZ（图 6-11a）。图 6-11b~g 为修复区不同区域的显微组织。母材组织呈现细长的板条状，主要是由轧制工艺所致（图 6-11b）。在 A-PFFSR 过程中，HAZ 材料仅受到热循环的影响，晶粒组织粗化（图 6-11c）；TMAZ 材料既受到机械搅拌的作用又经历热循环作用，晶粒被拉长且具有一定程度的弯曲变形（图 6-11d）。FAZ 由细小的等轴晶粒组成，这主要与在高温及大应变速率作用下的动态再结晶有关。组成 FAZ 的三填充层的晶粒大小存在差异；一次 AFZ 的晶粒最小（图 6-11f），这与较小轴肩直径产生的热输入较少以及修复过程中垫板导致的散热速度较大有关；二次 AFZ（中间层）的晶粒最大（图 6-11g），这主要与 PZ 阶段的二次加热以及热损失速度较小有关。在 PZ 阶段，轴肩直径最大的无针搅拌头使热输入大于 AF 阶段，不利于抑制晶粒尺寸；与 AF 阶段相比，更大的散热面积可获得更大的热损失速率，利于抑制晶粒尺寸。图 6-11e 中的 PAZ 晶粒大小居中，说明与大热输入引起的晶粒粗化相比，在 PZ 阶段大热损失效率导致的晶粒细化占优。综上可知，FAZ 不同填充层经历的热输入、热损失等存在差异，在相同工艺参数（旋转速度、下扎速度等）下很难保证沿厚度方向的晶粒均匀性。

图 6-12 为 A-PFFSR 过程的测温曲线与修复区力学性能。如前所述，影响 A-PFFSR 修复区质量的关键因素之一是热输入，其对于界面间的原子扩散行为有着重

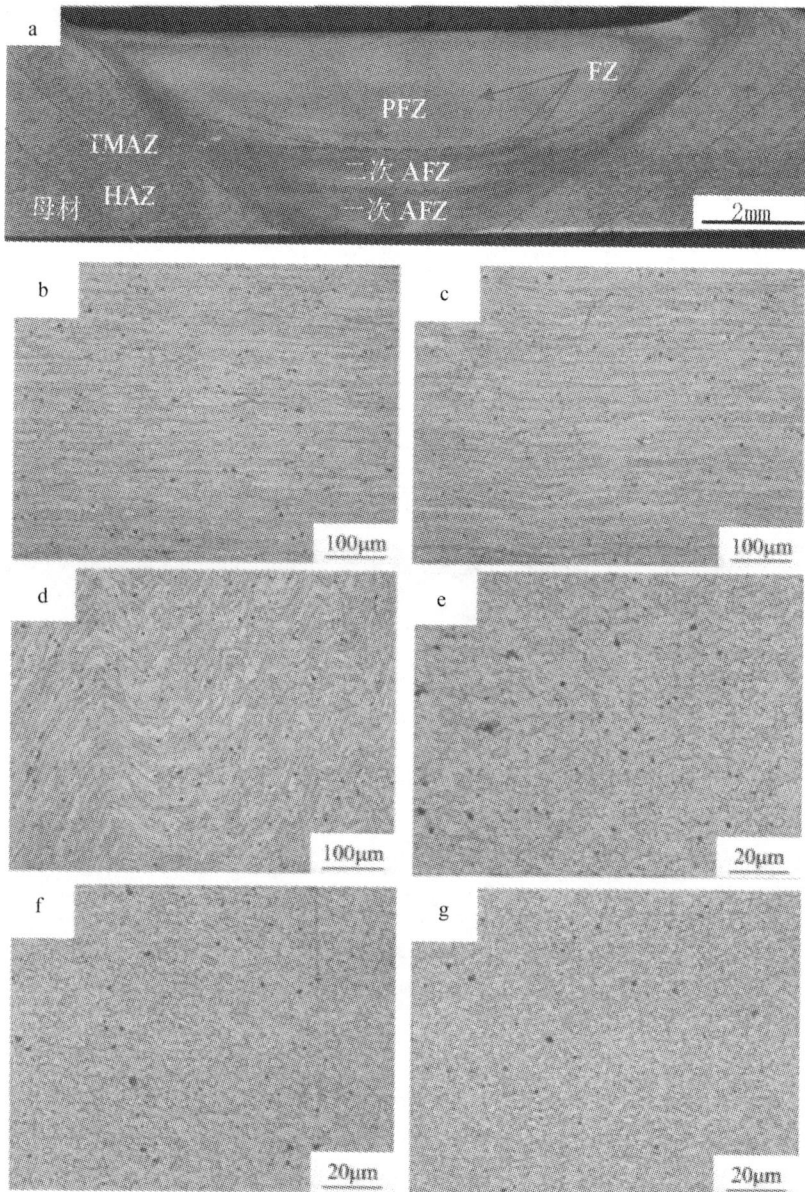

a. 横截面形貌；b. 母材；c. HAZ；d. TMAZ；e. PFZ；f. 二次 AFZ；g. 一次 AFZ

图 6-11 A-PFFSR 修复区显微组织[21]

要影响。图 6-12a 为 1 000 r/min 和 1 600 r/min 转速下修复过程的温度-时间曲线，分析可知高转速可提高温度峰值及高温持续时间。图 6-12b 为 1 600 r/min 转速下修复区的显微硬度，其测量位置距离上表面分别为 1.0 mm、2.5 mm 和 3.5 mm。与 AZ31B 镁合金不同，7N01-T4 铝合金为热处理强化型，其硬度除与晶粒大小有关外，还与强化相的状态有关。与图 6-10a 的硬度分布规律不同，7N01 铝合金在修复后硬度分布呈现"W"分布；受热影响的 FAZ、TMAZ 与 HAZ 的显微硬度小于母材，且最小硬度值出现在 HAZ。另外，FAZ 的显微硬度在底部值较大且中间最低，这主要是由热循环引起的晶粒尺寸不同而导致的。

图 6-12c 和 d 分别为不同转速下修复区的工程应力-应变曲线和拉伸性能。随着转速的增加，修复区的拉伸强度和延伸率逐渐增大；在 1 600 r/min 转速下，修复区的拉伸强度和延伸率达到最大，其值为 311.1 MPa 和 7.6%，分别相当于无缺陷 FSW 接头的 82.1% 和 95.8%；这里的无缺陷 FSW 接头是指基于 FSW 获得的 4 mm 厚 7N01-T4 铝合金对接接头。对于 7N01-T4 的 A-PFFSR 工艺来说，PAZ 与二次 AFZ 间界面以及 PAZ 与母材间界面是修复区的薄弱环节。在受到拉伸载荷时，裂纹容易在上述界面萌生并扩散（图 6-12e）；随着热输入的加入，PFZ/AFZ 及 PFZ/母材界面的连接强度因原子扩散效果的增强而提高，而 TMAZ 及 HAZ 的材料软化程度加大，导致修复区受外载时断裂于 FAZ 之外（图 6-12f）。

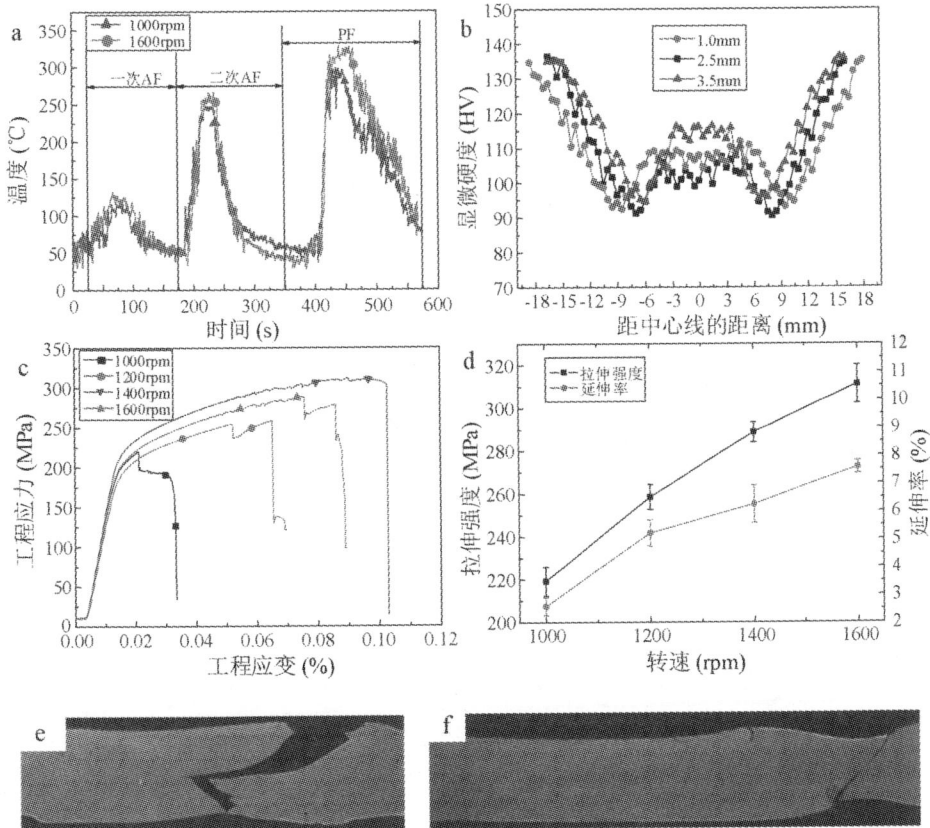

a. 温度-时间曲线；b. 显微硬度；c. 工程应力-应变曲线；d. 拉伸强度；断裂位置；
e. 1 000 r/min；f. 1 600 r/min

图 6-12 A-PFFSR 过程测温曲线与修复区力学性能[21]

综上，A-PFFSR 工艺可实现以匙孔为典型代表的大深度体积型缺陷的高质量修复，在镁合金、铝合金等低熔点金属的低成本绿色修复方面具有优势。在修复过程中添加的额外材料与母材间的固相焊合效果是影响修复质量的关键因素，因此如何增强固相下的焊接冶金效果对于推动 A-PFFSR 工艺的实际工程应用具有重要的研究价值。

6.3.5 径向增材搅拌摩擦修复

机械连接是航空航天领域金属结构（如飞机法兰盘）的主要连接方法，而机械连接孔的超差是飞机等维修过程中的常见问题。超差孔是指某些机械连接孔在使用服役过程中超出原有的公差配合，具体表现为孔径大、孔椭圆、孔边裂纹、孔偏心、斜孔、锥形孔、孔壁表面粗糙度差等。超差孔的存在会降低结构的使用性能，进而影响飞机等结构的服役可靠性与安全性。为了实现超差孔的绿色修复，课题组提出了径向增材搅拌摩擦修复技术（Radial-additive FSR，R-AFSR），其工艺原理及工艺过程的材料流动模型见图 6-13a~c。以 AZ31B 镁合金为研究对象，进行了 R-AFSR 的工艺研究，表面成型见图 6-13d。R-AFSR 工艺的过程分为钻孔、填充、修复及完成 4 个阶段（图 6-13a）。其中，钻孔的目的是获得孔壁光滑的规则圆柱孔；填充阶段使用的填充材料直径与圆柱孔径相同且高度大于孔深度，以实现无减薄修复；修复阶段使用搅拌头系统给填充材料及其周围材料提供足够的热量及作用力，保证填充材料与母材间的固相结合效果；完成阶段主要指搅拌头撤离圆柱孔的过程。研究表明，在修复过程中搅拌针螺纹旋向与旋转方向的匹配关系对于修复质量有着重要影响。以右螺旋搅拌针为例，图 6-13b 与 c 分别给出了当搅拌头逆与顺时针旋转时的材料流动模型。在修复过程中，螺纹搅拌针驱使与其接触的塑化材料在垂直方向上流动。在搅拌针螺纹槽内的塑化材料主要受到两种力的作用，分别为螺纹槽侧壁提供的正压力 P 和螺纹槽侧壁给予的摩擦力 f；这两种力的合力 N 将决定材料的流动方向，进而影响修复界面的修复质量。当搅拌头逆时针旋转时，右螺纹槽内的塑化材料受到的合力向下，导致材料向下流动；在修复过程中旋转轴肩的下压亦使轴肩下面的材料向下流动。因此，当右螺纹搅拌针逆时针旋转时，在搅拌针尖端附近形成一个材料集聚区，此区会给待修复区（搅拌针与超差孔内壁间的材料）一向上的作用力；向上作用力与轴肩下压力方向相反，容易造成填充材料与母材间的分离，进而使填充材料与母材间的界面处易出现未焊合缺陷（图 6-13e）。当搅拌头顺时针旋转时，搅拌针驱动塑化材料向上流动并在轴肩下方形成材料集聚区；大量的材料又在轴肩的作用下向下流动，强烈挤压填充材料与母材间的界面，利于两者间的固相冶金相合。因此，对于 R-AFSR 工艺来说，右螺纹搅拌针的顺时针旋转更利于获得无缺陷的修复区，其横截面形貌与典型区域的显微组织见图 6-14。图 6-13d 为 R-AFSR 工艺不同阶段下修复区域的表面形貌。在钻孔阶段，使用无针搅拌头代替钻头获取一个深度为 2.8 mm、直径为 10 mm 的待修复圆柱孔；部分材料被无针搅拌头挤出并在孔壁上表面周围形成环形飞边。在填充阶段，填入直径为 10 mm 且高度为 3.8 mm 的圆柱体棒；在修复阶段，使用的搅拌头由圆柱右螺纹搅拌针与轴肩组成，其中轴肩直径为 14 mm、搅拌针长度为 2.9 mm 及搅拌针直径为 8 mm；在完成阶段，在搅拌头撤离后超差孔直径由修复前 10 mm 变为修复后 8 mm。通过分析图 6-13d 可知，搅拌头撤离后，填充材料与母材之间上表面的界面间隙消失，修复表面光滑平整、无缺陷；由于在修复阶段有更多的材料被挤出，修复完成后形成的飞边比钻孔阶段的更大。

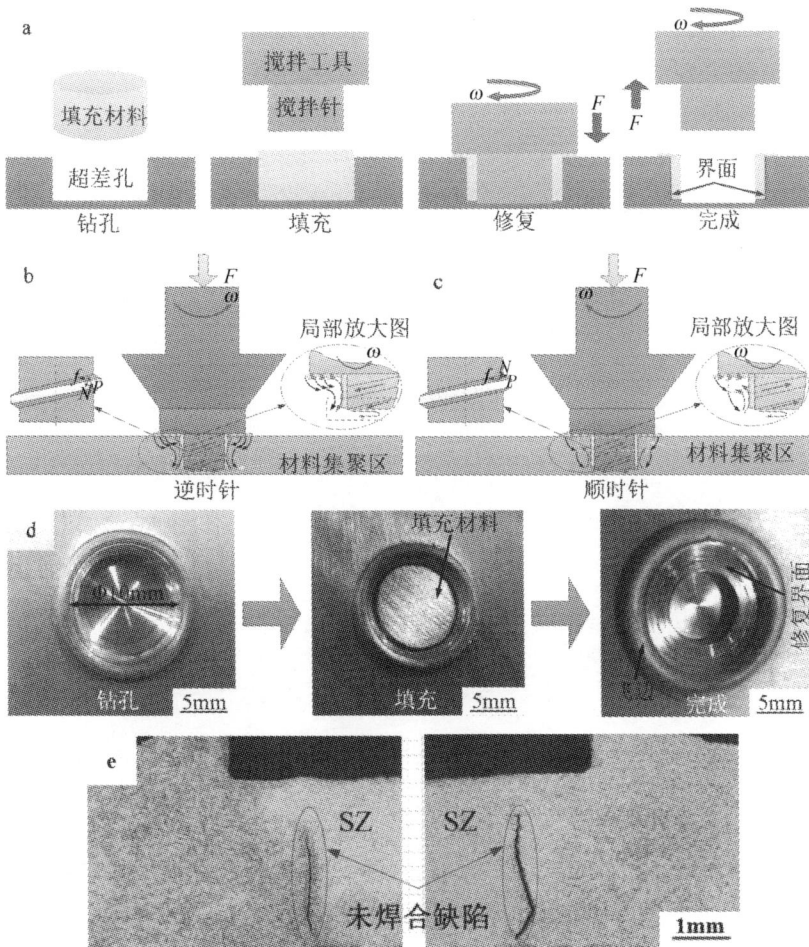

a. 原理示意图；材料流动模型；b. 逆时针旋转；c. 顺时针旋转；d. 表面成型过程；e. 逆时针旋转下的修复区横截面

图 6-13 R-AFSR 修复工艺[22]

图 6-14a 和 b 分别为 1 200 r/min 和 1 400 r/min 转速下得到的横截面形貌。在如图 6-13c 所示的材料流动行为下，搅拌针驱动材料向上流动，造成搅拌针下部出现"瞬时"空腔，周围金属会被吸向此空腔，导致填充材料与母材间界面向搅拌针迁移；轴肩向下的挤压使材料向下流动，进而推动迁移的界面逐渐远离待修复孔的底

部。R-AFSR 工艺由 FSW 技术演变而来，在修复过程中受搅拌头直接或间接搅拌而发生完全动态再结晶的区域组成 SZ，在图 6-14a 与 b 中的 SZ 宽度大于 2 mm（超差孔的直径与搅拌针直径之差）且填充材料与母材间的界面位于 SZ 内部。同时，此界面在 OM 下为黑色条带，分析可知其由更细小的晶粒组成（图 6-14c 与 d）。在修复过程中，SZ 内的材料在高温及大应变速率的作用下发生动态再结晶，生成等轴细小的晶粒（图 6-14c~f）；在填充材料与母材间未开始发生固相冶金前，二者会在搅拌针的旋转带动下发生类似于机械研磨的相对运动；与 SZ 的其它区域相比，填充材料与母材间界面及其邻近区域的晶粒尺寸更加细小。与低热输入（1 200 r/min）相比，高热输入（1 400 r/min）下的晶粒变大，使界面线的灰度变小；在足够大的热输入（如 1 600 r/min）下，如图 6-14a 与 b 中明显的界面细晶带会消失。从径向来看，SZ 的晶粒尺寸随着到修复孔内壁距离的增加而增大（图 6-14e 和 f）。这主要与不同区域经历的材料流动速度存在较大差异有关。

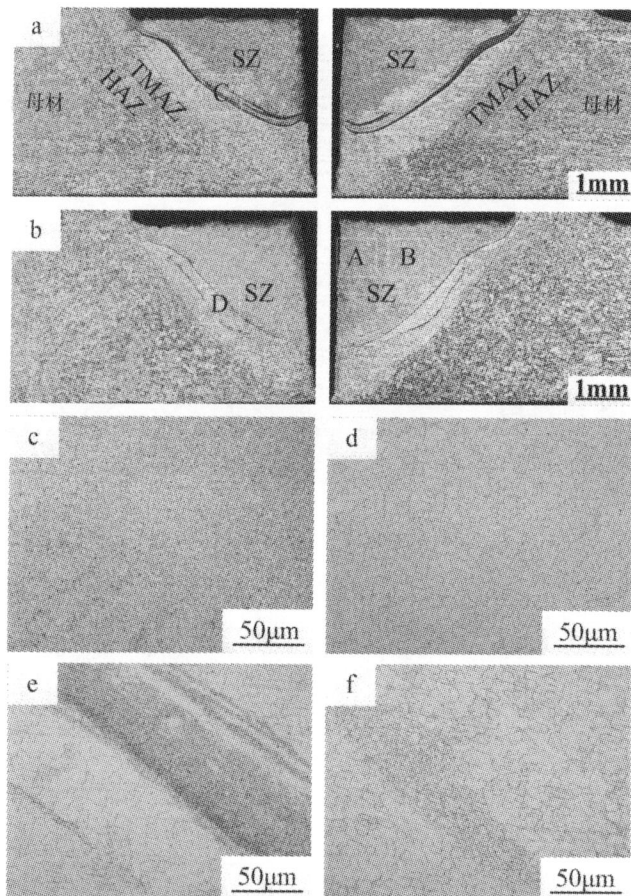

横截面形貌：a. 1 200 r/min；b. 1 400 r/min；典型区域显微组织：c. 区域 A；d. 区域 B；e. 区域 C；f. 区域 D

图 6-14 R-AFSR 横截面形貌与显微组织[22]

　　图 6-15 为 R-AFSR 修复区的力学性能试验结果。除显微硬度（图 6-15b）外，课题组对修复区的拉伸性能（图 6-15c）与压剪性能（图 6-15d）进行了测试，其中压剪性能测试用试验装置如图 6-15a。图 6-15b 为 1 400 r/min 转速下修复区显微硬度与晶粒尺寸分布。随着到修复孔内壁距离的增加，晶粒尺寸呈现先增大后减小，最后趋于平稳的特征。SZ 的晶粒尺寸最为细小，平均为 3.5 μm；HAZ 的晶粒尺寸最大，平均为 32.5 μm；母材的晶粒尺寸介于二者之间，为 26.7 μm。显微硬度值最大值位于靠近修复孔内壁处，其值达到 85.4 HV；TMAZ 内显微硬度波动幅度不大，平均值为 63.2 HV；显微硬度最小值出现在 HAZ，其值为 53.1 HV。对于 AZ31B 镁合金的 R-AFSR 工艺来说，晶粒尺寸是影响修复区材料显微硬度的关键因素；采用合理的工艺参数及辅助措施可分别减小 SZ 与 HAZ 的晶粒细化与粗化程度，保证修复区显微硬度的均匀性，以期获得超差孔的更高质量修复。

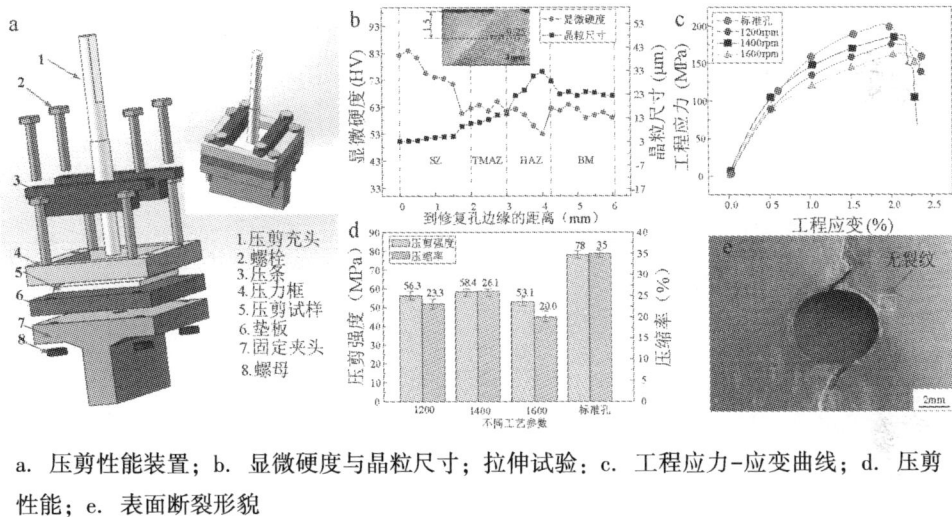

a. 压剪性能装置；b. 显微硬度与晶粒尺寸；拉伸试验：c. 工程应力-应变曲线；d. 压剪性能；e. 表面断裂形貌

图 6-15　R-AFSR 力学性能试验结果[22]

　　图 6-15c 为拉伸试验得到的工程应力-应变曲线。标准孔（直径为 8 mm）的拉伸强度为 195 MPa；随着转速的增加，修复孔的拉伸强度值先增大后减小；在 1 400 r/min 转速下，修复孔的拉伸强度达到最大值 183 MPa，相当于标准孔的 93.8%。修复过程中填充材料与母材间的固相焊合效果是影响修复孔承载能力的重要因素，而增加热输入有利于提高二者界面的连接强度。在图 6-15e 中的表面断裂形貌中未发现填充材料与母材间的开裂现象，说明在 1 400 r/min 转速下二者间的连接强度达到了较理想效果。然而，在 HAZ 或 TMAZ 的镁合金材料晶粒尺寸随热输入的增加而增大，而过大的热输入往往使 HAZ 或 TMAZ 因材料软化加剧而变成薄弱区。因此，修复过程中的热输入过低或过高均不利于获得超差孔的质量修复。标准孔的压剪强度和压缩率分别为 78 MPa 和 35%；当转速在 1 200~1 600 r/min 变化时，修复孔的压剪性能变化规律与拉伸性能大致相同；在 1 400 r/min 下获得的修复孔压剪强度和压缩率分别

达到 58.4 MPa 和 26.1%，相当于标准孔的 75% 和 74.6%（图 6-15d）。

综上，R-AFSR 是一种基于 FSW 演变而来的可实现径向增材的体积型缺陷修复技术，可用于解决金属结构中机械连接孔的超差问题；区别于常规 FSW，搅拌针螺纹旋向与旋转方向的区配关系为"右+顺"或"左+逆"，以保证搅拌针驱动材料向上流动；为实现超差孔的高质量修复，热输入需调控使在保证填充材料与母材间固相连接效果的前提下避免母材的过度软化。

6.4　本章小结

本章以面积型缺陷与体积型缺陷为例介绍了基于"搅拌+摩擦"思想的修复技术，重点分析了适用于孔洞类（匙孔、超差孔）或长体积类（表面凹陷、对接面大间隙）的 LCFSW、VC-FSR、D-FFSR、A-PFFSR 与 R-AFSR 工艺。对于体积型缺陷修复技术，额外添加的填充材料与母材间的固相焊合效果是影响修复质量的关键因素。除优选合理的工艺参数外，具有增流、增压、强振动等效果的辅助工艺（如超声、静止轴肩、背面加热等）对于体积型缺陷的修复可起到积极的作用。总之，适用于金属结构缺陷的 FSR 技术已经在实际工程应用中崭露头角，未来在航空、航天、船舶、汽车等领域有着广泛的应用前景。随着技术的不断积累、改革与创新，基于 FSW 演变而来的缺陷修复技术将在金属制造业中发挥越来越重要的作用。

参考文献

［1］莫德锋，何国求，胡正飞，等. 孔洞对铸造铝合金疲劳性能的影响［J］. 材料工程，2010（7）：92-96.

［2］Ji S, Huang R, Zhang L, et al. Microstructure and mechanical properties of friction stir repaired Al-Cu casting alloy［J］. Transactions of the Indian Institute of Metals, 2018, 71（8）：2057-2065.

［3］Wen Q, Yue Y, Ji S, et al. Effect of welding speeds on mechanical properties of level compensation friction stir welded 6061-T6 aluminum alloy［J］. High Temperature Materials and Processes, 2016, 35（4）：375-379.

［4］Seighalani K, Givi M K B, Nasiri A M, et al. Investigations on the effects of the tool material, geometry, and tilt angle on friction stir welding of pure titanium［J］. Journal of Materials Engineering and Performance, 2010, 19（7）：955-962.

［5］Galvão I, Oliveira J C, Loureiro A, et al. Formation and distribution of brittle structures in friction stir welding of aluminium and copper: Influence of shoulder geometry［J］. Intermetallics, 2012, 22：122-128.

［6］Colegrove P A, Shercliff H R, Zettler R. Model for predicting heat generation and temperature in friction stir welding from the material properties［J］. Science & Technology of Welding & Joining, 2007, 12（4）：284-297.

［7］Liu C, Chen D, Bhole S, et al. Polishing-assisted galvanic corrosion in the dissimilar friction stir welded joint of AZ31 magnesium alloy to 2024 aluminum alloy［J］. Materials Characterization, 2009, 60

(5)：370-376.

[8] Ji S, Meng X, Li Z, et al. Investigation of vertical compensation friction stir-welded 7N01-T4 aluminum alloy [J]. International Journal of Advanced Manufacturing Technology, 2016, 84 (9-12)：2391-2399.

[9] Huang Y, Han B, Tian Y, et al. New technique of filling friction stir welding [J]. Science and Technology of Welding and Joining, 2011, 16 (6)：497-501.

[10] Lee W, Yeon Y, Jung S. Evaluation of the microstructure and mechanical properties of friction stir welded 6005 aluminum alloy [J]. Metal Science Journal, 2003, 19 (11)：1513-1518.

[11] Li D, Yang X, Cui L, et al. Investigation of stationary shoulder friction stir welding of aluminum alloy 7075-T651 [J]. Journal of Materials Processing Technology, 2015, 222：391-398.

[12] Ma Y, Zhao Z, Liu B, et al. Mechanical properties and fatigue crack growth rates in friction stir welded nugget of 2198-T8 Al-Li alloy joints [J]. Materials Science and Engineering A, 2013, 569：41-47.

[13] Silva A A M D, Arruti E, Janeiro G, et al. Material flow and mechanical behaviour of dissimilar AA2024-T3 and AA7075-T6 aluminium alloys friction stir welds [J]. Materials & Design, 2011, 32 (4)：2021-2027.

[14] Ji S, Meng X, Ma L, et al. Vertical compensation friction stir welding assisted by external stationary shoulder [J]. Materials & Design, 2015, 68 (68)：72-79.

[15] Huang R, Ji S, Meng X, et al. Drilling-filling friction stir repairing of AZ31B magnesium alloy [J]. Journal of Materials Processing Technology, 2018, 255：765-772.

[16] Yang J, Xiao B, Wang D, et al. Effects of heat input on tensile properties and fracture behavior of friction stir welded Mg-3Al-1Zn alloy [J]. Materials Science & Engineering A, 2010, 527 (3)：708-714.

[17] Chang C, Du X, Huang J. Achieving ultrafine grain size in Mg-Al-Zn alloy by friction stir processing [J]. Scripta Materialia, 2007, 57 (3)：209-212.

[18] Chang C, Lee C, Huang J. Relationship between grain size and Zener-Holloman parameter during friction stir processing in AZ31 Mg alloys [J]. Scripta Materialia, 2004, 51 (6)：509-514.

[19] 刘震磊, 崔祜涛, 姬书得, 等. 温度峰值影响 6061-T6 铝/AZ31B 镁异种材料 FSW 接头成型的规律 [J]. 焊接学报, 2016, 37 (6)：23-26.

[20] Ji S, Meng X, Zeng Y, et al. New technique for eliminating keyhole by active-passive filling friction stir repairing [J]. Materials & Design, 2016, 97：175-182.

[21] Ji S, Meng X, Huang R, et al. Microstructures and mechanical properties of 7N01-T4 aluminum alloy joints by active-passive filling friction stir repairing [J]. Materials Science and Engineering A, 2016, 664：94-102.

[22] Song Q, Wen Q, Ji S, et al. New technique of radial-additive friction stir repairing for exceeded tolerance holes [J]. International Journal of Advanced Manufacturing Technology, 2019, 105 (11)：4761-4771.

名词缩写对照表

中文名称	英文全称	英文简称
主被动填充搅拌摩擦修复	Active-passive filling friction stir repairing	A-PFFSR
钻-填搅拌摩擦修复	Drilling-filling friction stir repairing	D-FFSR
有效搭接宽度	Effective lap width	ELW
有效搭接厚度	Effective sheet thickness	EST
搅拌摩擦焊	Friction stir welding	FSW
搅拌摩擦搭接焊	Friction stir lap welding	FSLW
搅拌摩擦扩散连接	Friction stir diffusion bonding	FSDB
搅拌摩擦修复	Friction stir repairing	FSR
搅拌摩擦点焊	Friction stir spot welding	FSSW
热影响区	Heat affected zone	HAZ
金属间化合物	Intermetallic compound	IMC
水平补偿搅拌摩擦焊修复	Level compensation FSR	LCF
被动填充搅拌摩擦修复	Passive filling friction stir repairing	PFFSR
径向增材搅拌摩擦修复	Radial-additive FSR	R-AFSR
回填搅拌摩擦点焊	Refill friction stir spot welding	RFSSW
静止轴肩搅拌摩擦焊	Stationary shoulder FSW	SSFSW
轴肩影响区	Shoulder affected zone	SAZ
焊核	Stir zone	SZ
随焊控冷搅拌摩擦焊	Trailing intensive cooling FSW	TICFSW
热机影响区	Thermo-mechanically affected zone	TMAZ
超声辅助搅拌摩擦焊	Ultrasound assisted FSW	UA-FSW
超声-静止轴肩搅拌摩擦焊	Ultrasound assisted-stationary shoulder FSW	UA-FSW
垂直补偿搅拌摩擦修复	Vertical compensation FSR	VC-FSR